中国古建筑营造技术丛书

古建筑测绘

张　玉　博俊杰　主编

中国建材工业出版社

图书在版编目(CIP)数据

古建筑测绘/张玉，博俊杰主编. —北京 ：中国建材工业出版社，2016. 7（2022.1重印）
（中国古建筑营造技术丛书）
ISBN 978-7-5160-1503-2

Ⅰ. ①古… Ⅱ. ①张… ②博… Ⅲ. ①古建筑-建筑测量 Ⅳ. ①TU198

中国版本图书馆 CIP 数据核字(2016)第 124837 号

内 容 简 介

本书根据工程实践中古建筑测绘工作开展的步骤和要求进行编写，内容包括古建筑测绘简史及基本知识、现场踏勘及准备、测绘方法及步骤、建筑现存情况勘察、内业工作整理、新设备新方法的运用，收录了大量的北方建筑实例，结合实景照片、测绘图及标记进行讲解，使初学者印象深刻，少走弯路。本书是作者多年工作经验的成果，在注重实用性、可操作性的同时，也力求理论完整，兼顾简易实用的实践习惯和严谨精确的研究方法，可作为现场工作手册和教学使用。

本书适用于建筑学、城乡规划、风景园林及古建筑相关专业教学，也可用于古建筑保护修缮工程技术人员的培训及古建筑爱好者自学参考。

古建筑测绘
张 玉 博俊杰 主编

出版发行：中国建材工业出版社
地 址：北京市海淀区三里河路 1 号
邮 编：100044
经 销：全国各地新华书店
印 刷：北京鑫正大印刷有限公司
开 本：787mm×1092mm 1/16
印 张：8.75
字 数：210 千字
版 次：2016 年 7 月第 1 版
印 次：2022 年 1 月第 3 次
定 价：50.00 元

本社网址：www.jccbs.com.cn 公众微信号：zgjcgycbs
本书如出现印装质量问题，由我社市场营销部负责调换。联系电话：（010）88386906

《中国古建筑营造技术丛书》
编委会

序　一

中国古建筑，以其悠久的历史、独特的结构体系、精湛的工艺技术、优美的造型和深厚的文化内涵，独树一帜，在世界建筑史上，写下了光辉灿烂的不朽篇章。

这一以木结构为主的结构体系适应性强，从南到北，从西到东都有适应的能力。其主要的特点是：

一、因地制宜，取材方便，形式多样。比如屋顶瓦的材料，就有烧制的青灰瓦、琉璃瓦，也有自然的片石瓦、茅草屋面、泥土瓦当屋面。俗话“一把泥巴一片瓦”就是“泥瓦匠”的形象描述。又如墙体的材料，也有土墙、石墙、砖墙、板壁墙、编竹夹泥墙等。这些材料在不同的地区、不同的民族、不同的建筑物上根据不同的情况分别加以使用。

二、施工速度快，维护起来也方便。以木结构为主的体系，古代工匠们创造了材、分、斗口等标准化的模式，制作加工方便，较之以砖石为主的欧洲建筑体系动辄数十年上百年才能完成一座大型建筑要快很多，维修保护也便利得多。

三、木结构体系最大的特点就是抗震性能强。俗话说“墙倒屋不塌”，木构架本身是一弹性结构，吸收震能强，许多木构古建筑因此历经多次强烈地震而保存下来。

这一结构体系的特色还很多，如室内空间可根据不同的需要而变化，屋顶排水通畅等。正是由于中国古建筑的突出特色和重大价值，它不仅在我国遗产中占了重要位置，在世界遗产中也占了重要地位。在目前国务院已公布的两千多处全国重点文物保护单位中，古建筑（包括宫殿、坛庙、陵墓、寺观、石窟寺、园林、城垣、村镇、民居等）占了三分之二以上。现已列入世界遗产名录的我国33处文化与自然遗产中，有长城、故宫、承德避暑山庄及周围寺庙、曲阜孔庙孔府孔林、武当山古建筑群、布达拉宫、苏州古典园林、颐和园、天坛、丽江古城、平遥古城、明清皇家陵寝明十三陵、清东西陵、明孝陵、显陵、沈阳福陵、昭陵、皖南古村落西递、宏村等，就连以纯自然遗产列入名录的四川黄龙、九寨沟也都有古建筑，古建筑占了中国文化与自然遗产的五分之四以上。由此可见古建筑在我国历史文化和自然遗产中之重要性。

然而，由于政治风云，改朝换代，战火硝烟和自然的侵袭破坏，许多重要的古建筑已经不存在，因此对现在保存下来的古建筑的保护维修和合理利用问题显得十分重要。

保护维修是古建筑保护与利用的重要手段，不维修好不仅难以保存，也不好利用。保护维修除了要遵循法律法规、理论原则之外，更重要的是实践与操作，这其中的关键又在于工艺技术实际操作的人才。

由于历史的原因，我国长期以来形成了“重文轻工”、“重士轻匠”的陋习，在历史上一些身怀高超技艺的工匠技师得不到应有的待遇和尊重，因此古建筑保护维修的专门技艺人才极为缺乏。为此中国营造学社的创始人朱启钤社长就曾为之努力，收集资料编辑了

《哲匠录》一书，把凡在工艺上有一技之长，传一艺、显一技、立一言者，不论其为圣为凡，不论其为王侯将相或梓匠轮舆，一视同仁，平等对待，为他们立碑树传，都尊称为“哲匠”。梁思成先生在20世纪30年代编著《清式营造则例》的时候也曾拜老工匠为师，向他们请教，力图尊重和培养实际操作的技艺人才。这在今天来说，我觉得依然十分重要。

今天正处在国家改革开放，经济社会大发展，文化建设繁荣兴旺的大好形势之下，古建筑的保护与利用得到了高度的重视，保护维修的任务十分艰巨，其中至关重要的仍然还是专业技艺人才的缺乏或称之为断代。为了适应大好形势的需要，为保护维修、合理利用我国丰富珍贵的建筑文化遗产，传承和弘扬古建筑工艺技术，中国建材工业出版社的领导和一些专家学者、有识之士，特邀约了古建筑领域的专家学者同仁，特别是从事实际操作设计施工的能工技师“哲匠”们共同编写了《中国古建筑营造技术丛书》，即将陆续出版，闻之不胜之喜。我相信此丛书的出版必将为中国古建筑的保护维修、传承弘扬和专业技术人才的培养起到积极的作用。

编者知我从小学艺，60多年来一直从事古建筑的学习与保护维修和调查研究工作，对中国古建筑营造技术尤为尊重和热爱，特嘱我为序。于是写了一点短语冗言，请教方家高明，并借以作为对此丛书出版之祝贺。至于丛书中丰富的内容和古建筑营造技术经验、心得、总结等，还请读者自己去阅览、参考和评说，在此不作赘述。

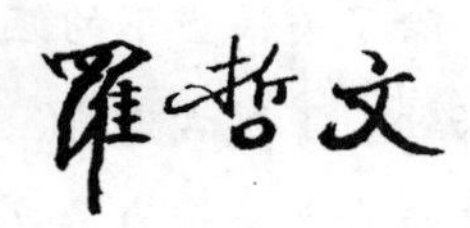

序二　古建筑与社会

梁思成作为“中国建筑历史的宗师”（李约瑟语），毕生致力于中国古代建筑的研究和保护。如果不是因为梁思成的坚决反对，现在的人们恐怕很难见到距今有800多年历史的北京北海团城，这里曾经的建筑以及发生过的故事也只能靠人们的想象而无法触摸了。

历史的记忆有多种传承方式，古建筑算得上是很直观的传承方式之一。古建筑不仅仅凝聚了先人们的设计思想、构造技术和材料使用等，古建筑还很好地传承了先人们的绘画、书法以及人文、美学等文化因素。对于古建筑的保护、修复，实则是对于人类社会历史的保护和传承。从这个角度而言，当年梁思成嘱咐他的学生罗哲文所言“文物、古建筑是全人类的财富，没有阶级性，没有国界，在变革中能把重点文物保护下来，功莫大焉”，当是对于保护古建筑之意义所做出的一个具有历史责任感的客观判断。正是因为这一点，二战时期盟军在轰炸日本之前，还特意将日本的重要文物古迹予以标注以免被炸毁坏。

除了关注当下的经济社会，人们对于自己祖先的历史和未来未知的前景总是具有浓厚的兴致，了解古建筑、触摸古建筑，是人们感知过去社会和历史的有效方式，而古建筑的营造与修复正是为了更好地传承人类历史和社会文化。对于社会延续和文化传承而言，任何等级的古建筑的作用和意义都是正向的，不分大小，没有轻重之别，因为它们对于繁荣人类文明、滋润社会道德等，具有普遍意义和作用。

罗哲文先生在为本社“中国古建筑营造技术丛书”撰写的序言中引用了“哲匠”一词，这个词实际上是对从事古建筑保护修复工作的专业技艺人才的恰当称谓。没有一代又一代技艺高超“哲匠”们的保护修复，后人就不可能看到流传千年的文物古迹。古建筑的营造与保护修复工作还是一项要求非常高的综合性工作，“哲匠”们不仅要懂得古建筑设计、构造、建造等，还要熟知各种修复材料，具备相关的物理化学知识，了解书法绘画等审美意识，掌握一定的现代技术手段，甚至于人文地理历史知识等也是需要具备的。古建筑的保护修复工作要求很高，周而复始，“哲匠”们要做好这项工作不仅要有漫长的适应过程，更得心怀一颗“平常心”，要经受得住外界的诱惑，耐得住性子忍受寂寞孤独。仅仅是因为这些，就应该为“哲匠”们树碑立传，我们应该大力倡导工匠精神。

古建筑贯通古今，通过古建筑的营造与保护修复工作，后人们可以更直接地与百年、千年之前的社会进行对话。社会历史通过古建筑得以部分再现，人类文化通过古建筑得以传承光大。人具有阶层性，社会具有唯一性，古建筑则是不因人的高低贵贱而具有共同的鉴赏性，因而是社会的、大众的。作为出版人，我们愿意以奉献更多、更好古建筑出版物的形式，为社会与文化的传承做出贡献。

中国建材工业出版社社长、总编辑

2016年3月

序　三

近年来，“古建筑保护”不时触碰公众的神经，受到了越来越广泛的社会关注。为推进城镇化进程中的古建筑保护与传承，国家给予了高度重视，如建立政府与社会组织之间的沟通、协调和合作机制，支持基层引进、培养人才，提供税收优惠政策支持，加大财政资金扶持力度等。尽管如此，人才匮乏、工艺失传、从业人员水平良莠不齐、古建工程质量难以保障……，古建行业仍面临着一系列困局，资质队伍相对匮乏与古建筑保护任务繁重的矛盾非常突出。在社会各界大力呼吁将“传承人”制度化、规范化的背景下，培养一批具备专业技能的建筑工匠、造就一批传承传统营造技艺的“大师”，已成为古建行业发展的客观需求与必然趋势。

我过去的工作单位——原北京房地产职工大学，现北京交通运输职业学院，早在1985年就创办了中国古建筑工程专业，培养了成百上千名古建筑专业人才。现在，这些学员分布在全国各地，成为各地古建筑研究、设计、施工、管理单位的骨干力量。我在担任学校建筑系主任期间，一直负责这个专业的教学管理和教学组织工作。根据行业需要，出版社几年前曾组织编写了几本中国古建筑营造技术丛书，获得了良好的口碑和市场反馈。当年计划出版的这套古建筑营造丛书，由于种种原因，迟迟未全部面世。随着时间的增长及发展古建行业的大背景的需要，加之中国建材工业出版社佟令玫副总编辑多次约我组织专业人才，进一步完善丰富《中国古建筑营造技术丛书》。为了弥补当年的遗憾，这次组织参与我校教学工作的各位专家充实了编写委员会，共同商议丛书的编写重点和体例规范，集中将各位专家在各门课程上多年积累的很有分量的讲稿进行整理，准备出版，我想不久的将来，一套比较完整的中国古建筑营造技术丛书，将公诸于世。

值此丛书即将陆续出版之际，我代表丛书编委会，感谢所有成员和参与过丛书出版工作的所有人所付出的努力，感谢所有关注、关心古建筑营造技术传承的领导、同仁和朋友！古建筑保护与修复的任务是艰巨的，传统营造技艺传承的路途是漫长的，希望本套丛书的出版能为中国古建筑的保护修复、传承弘扬和专业技术人才培养起到积极的作用。

刘全义

2016年2月

前　言

本书主要讲述古建筑测绘在古建筑保护及古建筑设计中的重要性，以及如何进行古建筑测绘，如何将古建筑测绘与古建筑保护相结合。古建筑测绘建立于中国古建筑木作、中国古建筑瓦石、中国古建筑油饰彩画、古建筑制图、测量学等基础学科的基础上。只有对基础学科有了一定的了解，才能有助于更快地进入古建筑测绘的工作中去。通过学习古建筑测绘，可以帮助我们更直观地了解我国不同时期古建筑的构造关系、构造特点、比例尺度、色彩等多方面的相关知识，有助于我们更好地进行古建筑的设计、保护、研究等相关工作。

本书为了能更深入形象地说明问题，不仅附上了草图、CAD图，还采用了大量的照片，帮助读者更好地理解内容。本书主要按照古建筑测绘步骤进行编写，是本人多年工作经验的总结。因条件所限，本书实例以北方建筑为主，甚少涉及我国其他区域内的建筑形式，望读者谅解。

因设备仪器造价较高及其他多方面原因，在我国古建筑测绘中尚未普遍使用新设备新方法，目前仅对个别世界文化遗产或价值较高，且具有特殊研究要求的文物采用过新技术进行测绘，因此本书仅做了简要介绍，未进行详尽讲述，望读者谅解。本书为初学者提供了一本入门手册，希望能帮助读者更快地了解我国古建筑测绘的相关知识。

本书编写得到了刘全义老师及单位领导、朋友的大力支持，在此深表感谢。文中错误之处，敬请批评指正。

编　者

2016年4月

目　录

第1章 绪　　论

1.1　古建筑测绘的概念、意义和目的

中国古建筑的影响范围遍及半个亚洲和众多少数民族地区，在世界建筑历史中占有不可忽视的重要地位。建筑不仅反映了各个时期建筑本身的技术和艺术水平、文化艺术的成果，同时也反映出了当时社会中各方面如科学技术、政治、经济等的发展情况。所以说，建筑是反映社会形态的综合标准，是解读历史的工具。而古建筑测绘这门学科是认识、保护、传承、发展传统建筑的基础。建筑测绘不仅仅是对建筑本体的测量，还是对建筑全面的记录，既包括对建筑材质、艺术手法、工艺及周边环境的测绘，还包括对建筑的调查访问、演变分析、文献检索等各个方面。从测绘中了解建筑形成时的历史状态，从不同视角认识和挖掘作为研究对象的历史环境，因此古建筑测绘是文物建筑价值评估、现状评估的基础工作，是文物保护工作的第一步。测绘的深度、精准度直接影响着今后如何更有序地保护我国古建筑及文物价值发掘传承的相关工作。总之，是否可以在高水平测绘的基础上更好地揭示和延续中国古建筑所蕴含的深层价值，是古建筑测绘工作的重点。

古建筑测绘是古建筑保护修缮和信息存档并建立永久电子数据库的基础，是一扇通往深入解读中国古代营造学的窗户。古建筑测绘是一门综合学科，通过测绘我们可以更直观更准确地了解建筑，所取得的测绘成果是可靠的一手资料。但这门基础科目又是建立于木作、瓦石、油饰彩画、建筑史、识图、制图、测量学、材料学等科目基础上，只有将基础科目学好，才能顺利地进行古建筑测绘的学习，毕业后才能更快地进入工作岗位。无论将来从事文物管理、文物研究，还是设计、施工等工作，都需要我们首先能够了解掌握传统建筑的基本知识。

国家文物局已于2010年启动了“指南针计划”专项“中国古建筑精细测绘”项目。“中国古建筑精细测绘”是“指南针计划的主体类项目——中国古代建筑与营造科学价值挖掘与展示”的基础项目，其目的是充分利用现有先进科学仪器、设备的基础上，全面、完整、精细地记录古建筑的现存状态及其历史信息，为进一步的研究、保护工作提供较全面、系统的基础资料。由此可见，测绘工作对于我国古建筑保护具有重要的意义。

总之，古建筑测绘可使我们加深对建筑历史、建筑文化、传统建筑技术的认识，还会潜移默化地培养建筑师的综合素质，提高初学者对传统建筑空间感的理解。不同历史时期、不同地域、不同民族、不同文化的建筑都具有其独有特征，任何设计都不是对本抄袭，都融入了设计者、使用者根据选址情况、独有的文化特征，以及对建筑的使用要求，所以唐宋建筑不一定全都要符合《营造法式》，明清建筑不一定全都要符合《清工部工程

做法》，任何建筑都是相对的而又是独有的。这就需要我们对不同建筑进行测绘、调研，从中发现各自的特征。

1.2 古建筑测绘的发展

从远古的河姆渡建筑遗址中规整的木桩、榫卯和竖井，到河南偃师、小屯等商周遗址反映出来的精确定向、定水平的技术，可以看出当时的测量技术已经达到了一定的水平。早于公元前3世纪，我国就有了某种形式的磁罗盘。文献记载先秦时期有诸如“鲁作楚宫”、“晋作周室”、“秦写放国宫室”等仿建工程，当时建筑测绘水平应当为此提供了良好的技术保障。战国到秦汉时期，许多大型土木工程如都江堰、灵渠、龙首渠的建设也体现了当时的工程测量水平。而建筑的测量及绘制都离不开测量工具的使用，早期测绘所使用的工具有“绳”、“规”、“准”、“矩”。“绳”是测定直线的工具；“规”是画圆的工具；“准”是测定水平的工具；“矩”是直角曲尺，用于画直线，定直角，也可用于测量距离，并能利用直角相似三角形原理进行间接测量。同时，我国古代数学与测量学从一开始就有着不可分割的联系。勾股定理的发现就与测量工具“矩”的使用直接相关。

三国时期的刘徽在注释《九章算术注》（263年）时，丰富发展了被称为“重差”术的间接测量理论和计算方法，其中包括测量建筑物高度的方法。这些测量理论和方法直到17世纪初西方测量术传入我国时仍不失其先进性。西晋裴秀（224—271年）提出了著名的“制图六体”，即六条地图制图原则，为古代的地图测绘奠定了科学技术，并对后世产生极大影响。“制图六体”即分率、准望、道里、高下、放邪、迂直。分率就是比例尺；准望是方位；道里是道路的实际距离；高下、放邪、迂直的意思是指两点之间的地形高低变化、行走路线的迂回曲折不能影响两点之间的水平投影距离为准的，不是人的实际行走距离。与此相关，以假设大地水平为前提，以六体之一“比率”，即比例尺为原则，中国古代在地图、城市和建筑的规划设计等相关领域形成了“计里画方”的制图传统，这是我国古代制图方法的主流，其实直到今天我们仍在使用这样的网格法，只是由于卫星遥感技术的发展，网格的细化和精准程度已非昔日可比。

北魏迁都洛阳，在洛阳城规划时，蒋少游曾到洛阳测绘魏晋宫室遗址。东魏孝静帝天平元年（534年）皇室迁邺都，邺城规划和设计程序也是先进行同类建筑的测绘，借鉴古制，经推敲研究做出新的设计。到隋代，宇文恺在论证礼制建筑明堂的形制时也曾测绘过南朝刘宋的太极殿遗址。后来“测绘—借鉴—设计”的做法常为惯例。

唐代李筌的军事著作《太白阴经》（759年）中记载了一种设计完备的古代水准仪，称“水平”。这套仪器除没有加装望远镜外，其工作原理和测量方法与今天的光学水准仪完全一致。宋朝李诫所著的《营造法式》中记录了当时的测量仪器（图1-2-1）。可以说，欧洲17、18世纪的水准测量水平与我国唐宋时期的水准测量技术相比，也只是程度大小不同的重复。

明末清初，西方测量学随之传来，引入了欧几里得几何学、地圆说、经纬度测量、三角测量法等，同时引入了西方测量仪器，且加以仿制和革新。18世纪初，清康熙、乾隆

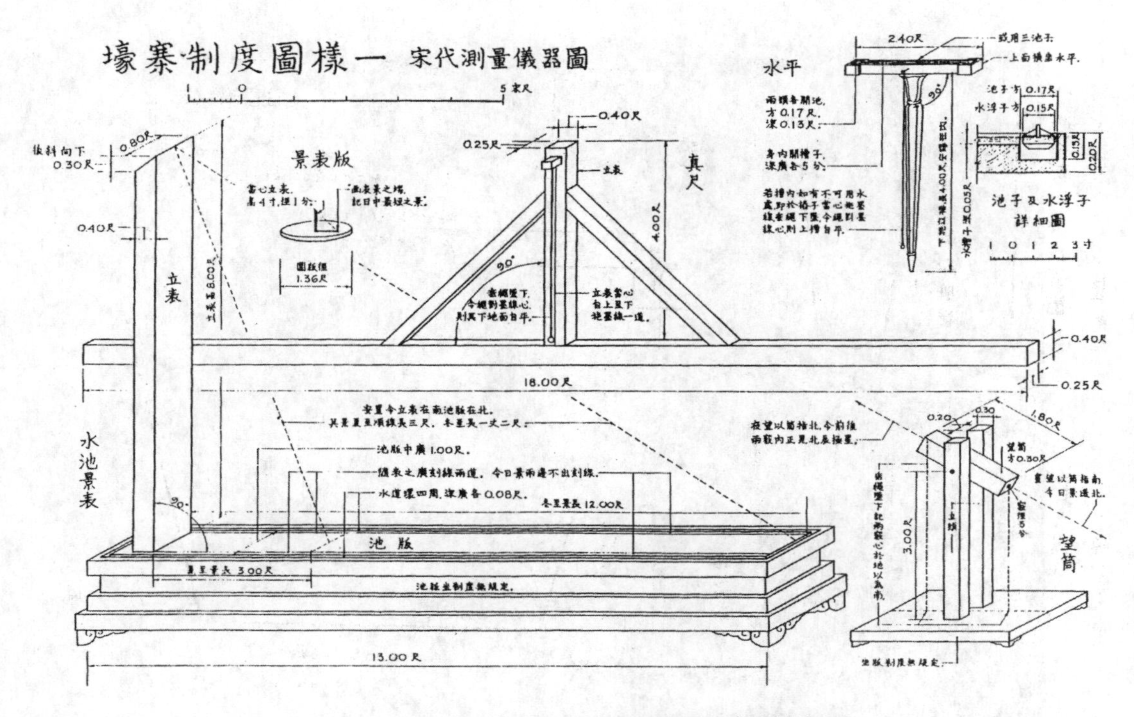

图 1-2-1 梁思成《营造法式注释》中测量仪器的插图

帝还组织了全国性的大规模三角测量，并以实测为基础，先后编制了全国地图《皇典全览图》和《乾隆内府典图》，走在当时世界各国的前列。测绘过程中，康熙帝还在世界上首次采用以子午线上每度的弧长来确定长度的标准，早于 1791 年法国以类似方法确定 1m 长度的方法。同时，清代皇家建筑设计施工档案“样式雷“建筑图档所反映出的建筑工程测量成就，特别是“平格“的运用，突出体现了传统工程测量术的精髓。样式雷的测绘图经历草图、标注测量数据、仪器草图、正式图等阶段，与现代建筑测绘程序基本类同，复杂纹饰也采用拓样方法，以测绘成果作为设计资料或依据。“样式雷”的皇家建筑图档为后人保留了为数众多的测绘图集，为我们研究皇家建筑提供了重要的资料。见图 1-2-2。

丈杆是中国古代建筑大木施工中特有的工具，既是一种图学语言形式，又是一种测设工具；既发挥施工图作用，又可将构件按设计数据安置到相应位置。

古人绘制建筑平面图的一个重要传统是将图中的建筑物以立面图形式表现。立面图的表现是有所不同的，重要建筑、主体建筑的立面具体、细致，而一般性建筑往往只做示意性的表示，这样的建筑立面其实是一种图例或符号。拿现在制图学的眼光来看，中国古代的建筑平面图应该是平面图、立面图及轴测图的融合结果（图 1-2-3）。若是范围广大的地形图、山河形势图之类，古人往往会拿出山水画的布局和笔法，以俯瞰万里的眼光和立场去描画山脉、河流、树木、渠堰、都邑和乡村，这类似于今天的鸟瞰图，但是又大不相同。它不受“空间”的限制，享有高度的自由，因为这就是古人眼中的自然世界与生活空间。

图 1-2-2　样式雷在同治重修九洲清晏东部建筑时
根据平面图所做的烫样（故宫博物院藏）

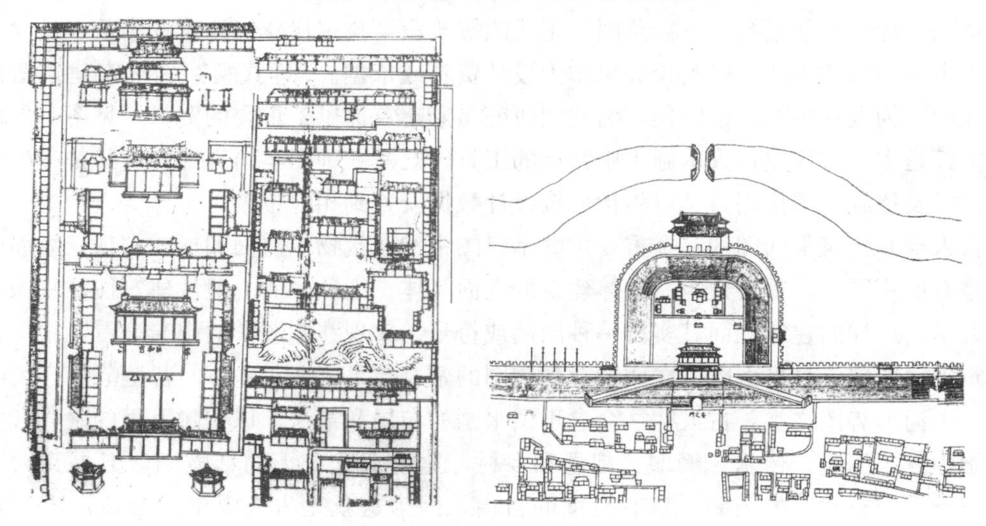

图 1-2-3　《乾隆京城全图》中雍和宫和安定门的平面图

新工具、新技术、新理论的发展推动着测绘工作的发展，影响着测绘的精准度及图纸绘制的完整度和准确度。我国近现代一些测绘工作的先驱者，如梁思成、朱启钤、刘敦桢、林徽因以及后来的罗哲文等一批古建工作者们，在当时图档资料缺乏的条件下，通过使用科学的测绘技术方法，克服条件限制跋山涉水对我国多处古建筑进行了全面的测绘普查，总结绘制了我国大量的古建筑图档文字资料，资料多记载于《中国营造学社汇刊》中。当时的测绘普查报告不仅对建筑本体尺寸、做法进行测量绘制，还对建筑的现存环境及现存状态进行了记录，并对建筑周边环境及人文环境以及建筑历史沿革、使用功能等各个方面做了详细的调研。可以说开创了我国古建筑测绘系统性、全面性的先河，为我们留下了宝贵的资料（图 1-2-4～图 1-2-17 资料选自《中国营造学社汇刊》及《叩开鲁班的大门》）。

图 1-2-4　1937 年林徽因在山西五台山佛光寺测绘唐代经幢

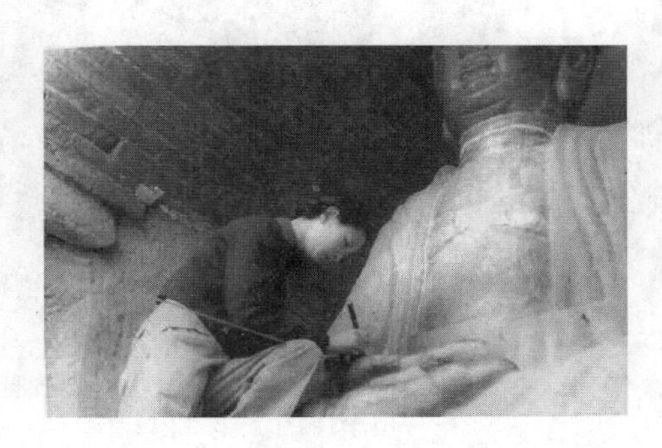

图 1-2-5　林徽因在乐王山考察测量

图 1-2-6　梁思成在正定测量正定古建筑

图 1-2-7　1936 年营造学社在考察山西晋汾地区的途中

图 1-2-8　邵力工测绘故宫西库房

图 1-2-9　抗日战争时期莫宗江（前）和梁思成（后）在营造学社四川李庄的工作室内绘图

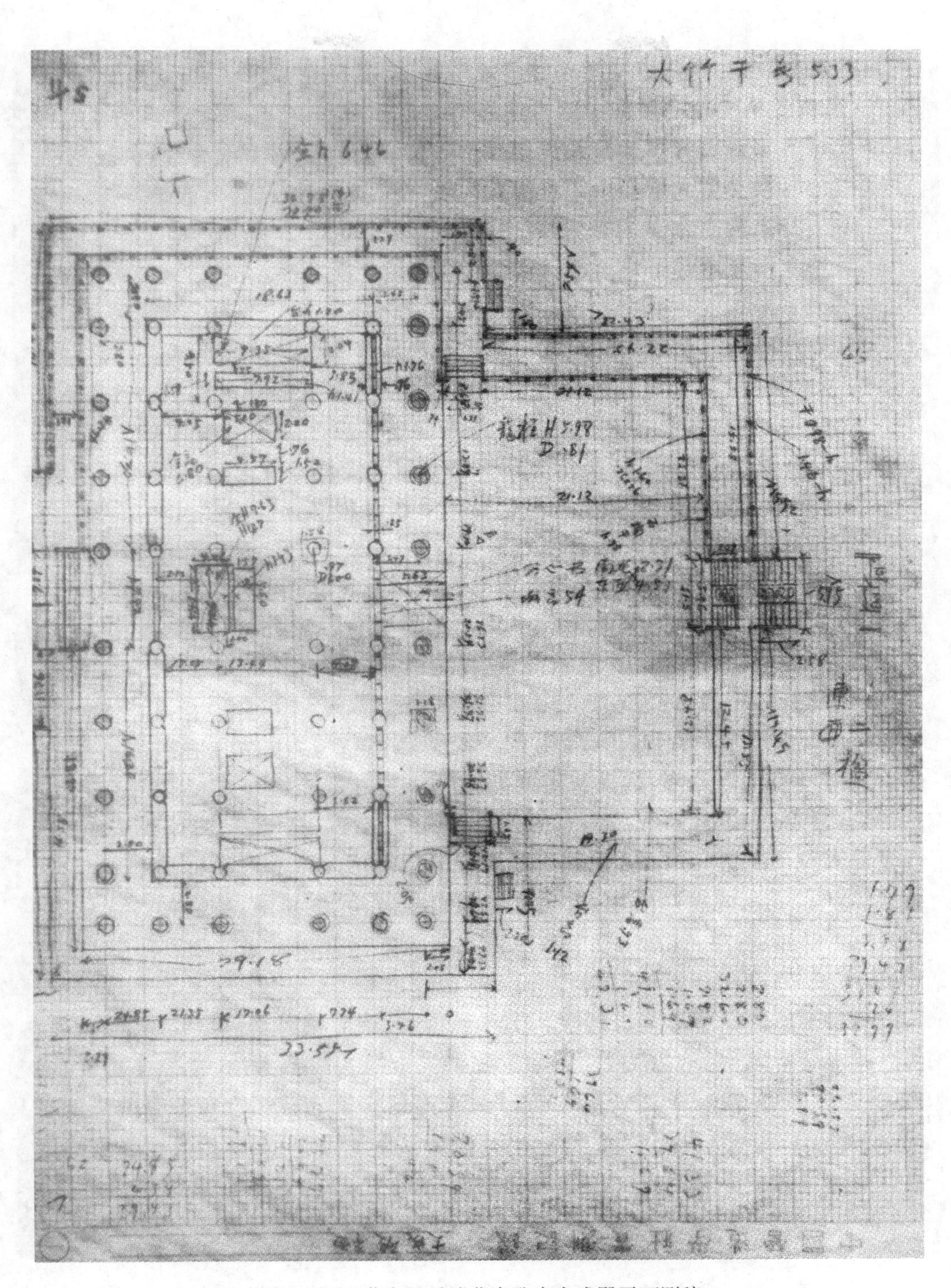

图 1-2-10　莫宗江手绘曲阜孔庙大成殿平面测稿

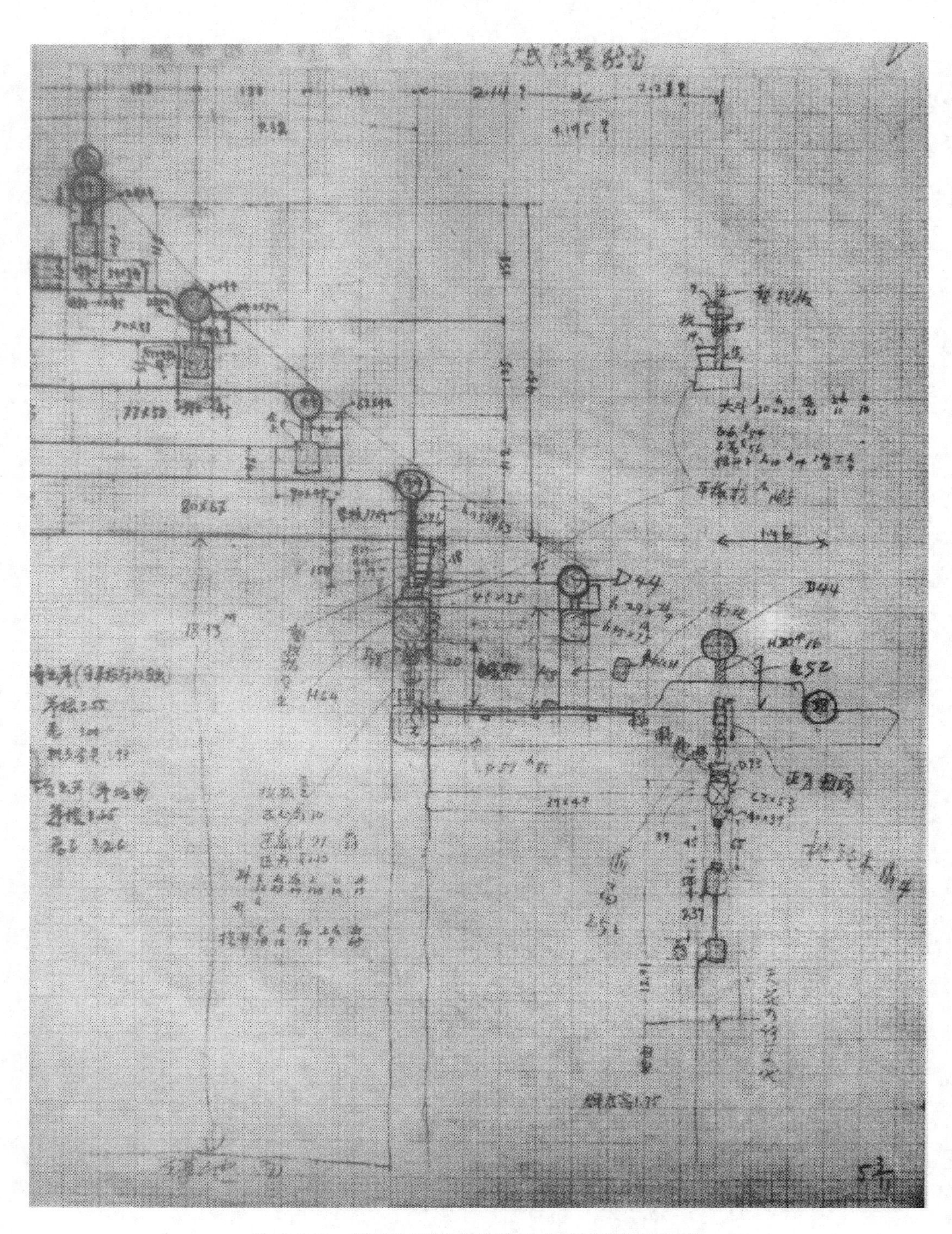

图 1-2-11　莫宗江手绘曲阜孔庙大成殿横剖面测稿

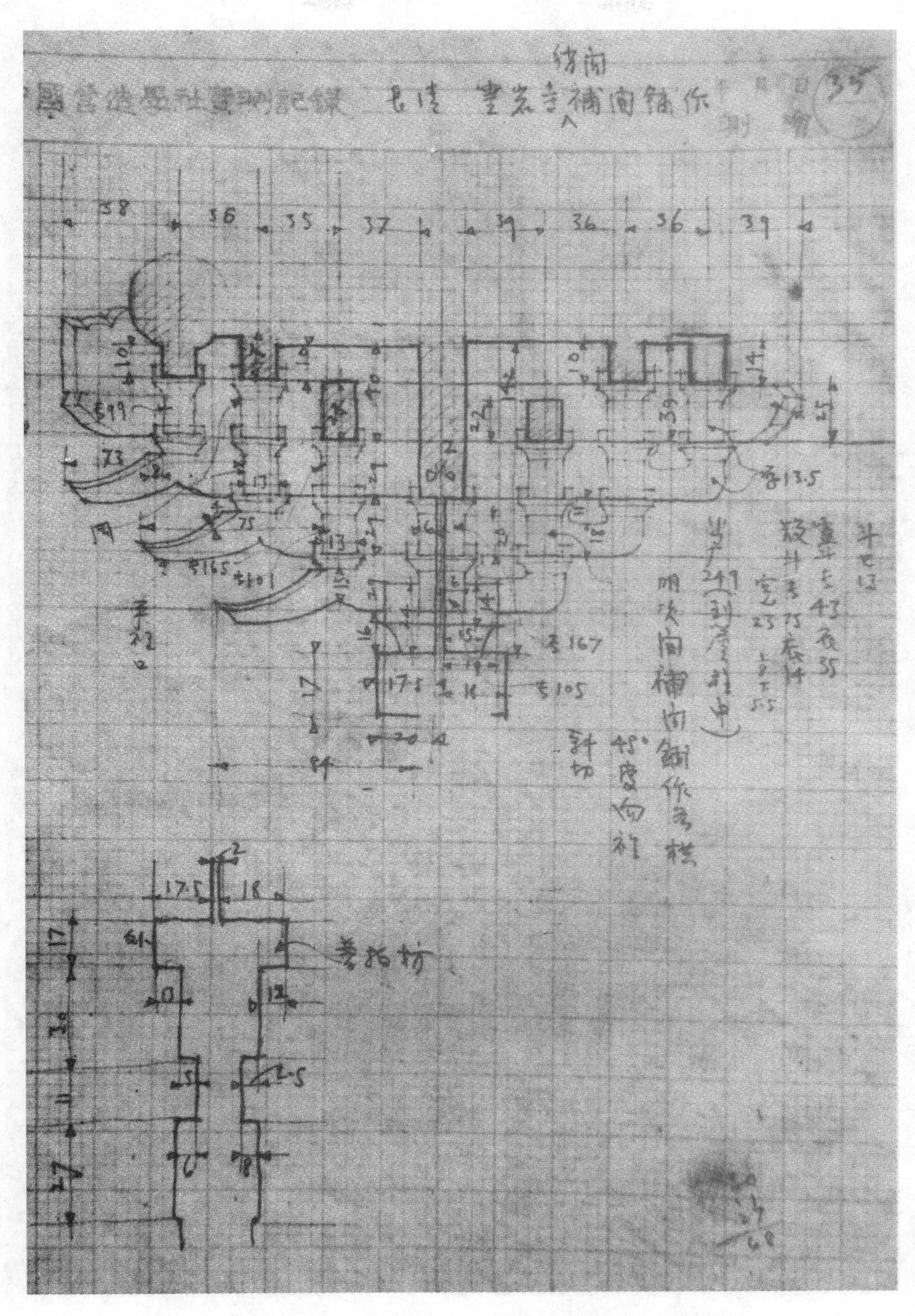

图 1-2-12　梁思成手绘的山东长清灵岩寺梢间补间铺作测稿

图 1-2-13　梁思成绘制的故宫太和殿天花梁彩画测稿

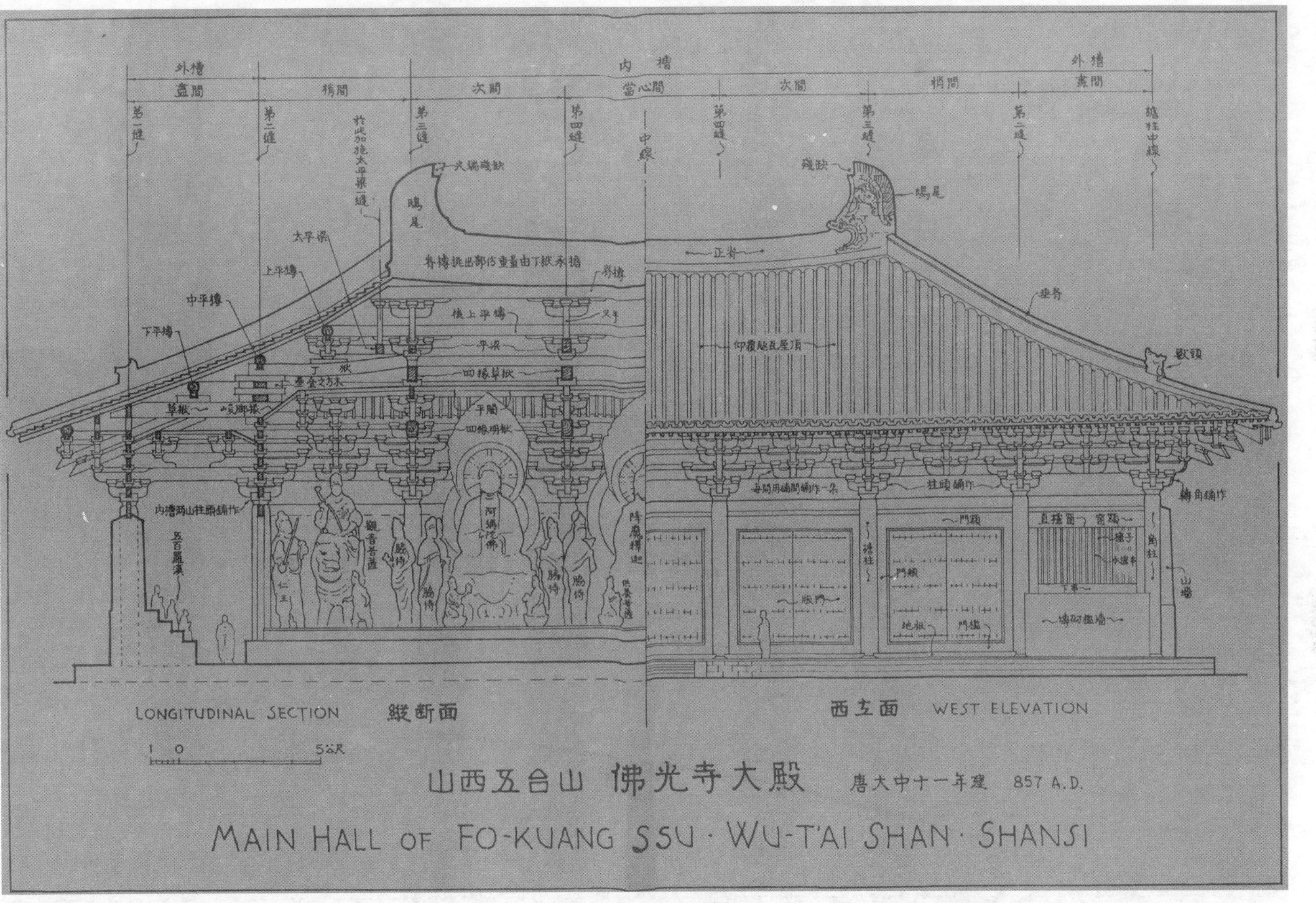

图 1-2-14　《营造学社汇刊》中梁思成绘制的唐代山西五台山佛光寺大殿横剖图纸

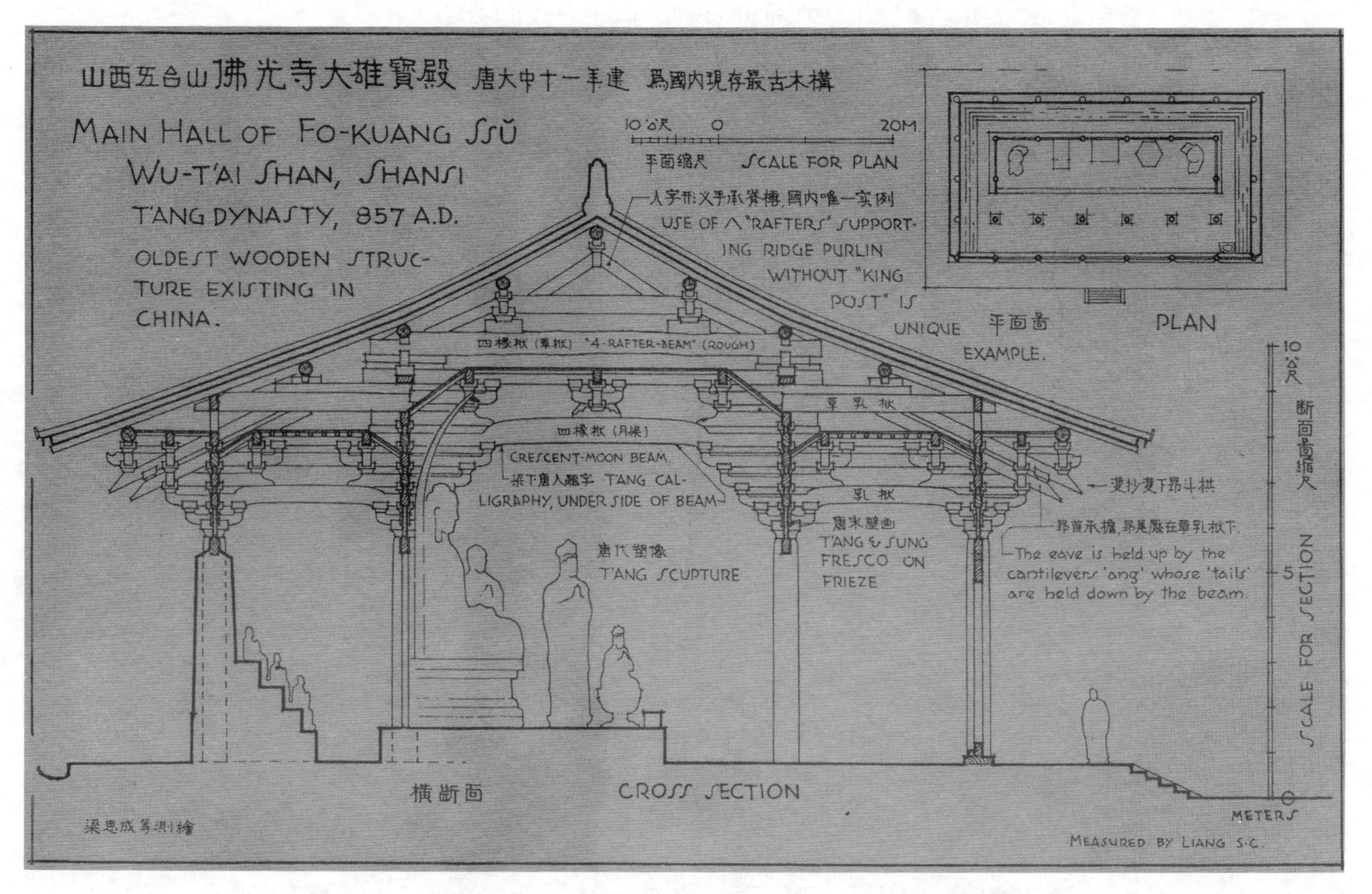

图 1-2-15 《营造学社汇刊》中梁思成绘制的唐代山西五台山佛光寺大殿纵剖图纸

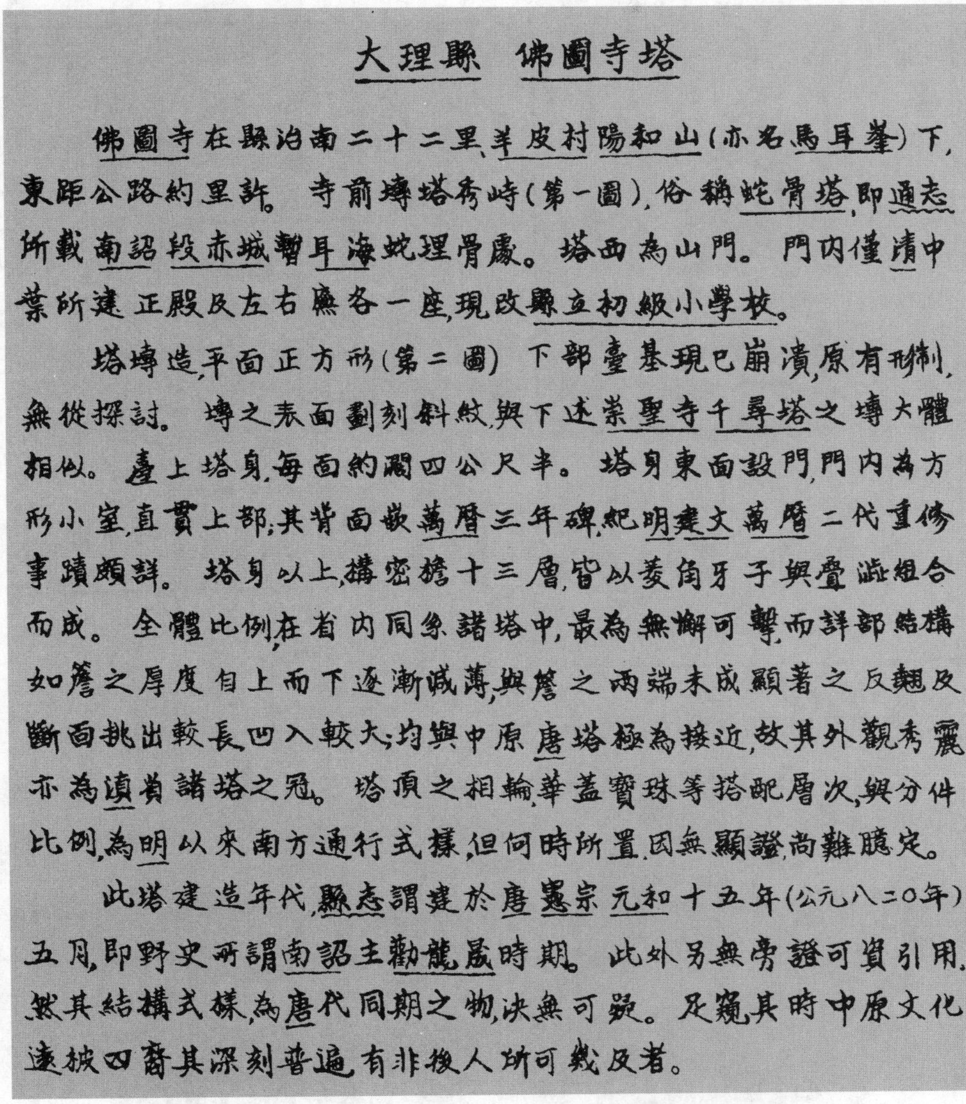

大理縣 佛圖寺塔

佛圖寺在縣治南二十二里、羊皮村陽和山(亦名馬耳峯)下，東距公路約里許。寺前塼塔秀峙(第一圖)，俗稱蛇骨塔，即通志所載南詔段赤城斬耳海蛇理骨處。塔西為山門。門內僅清中葉所建正殿及左右廡各一座，現改縣立初級小學校。

塔塼造，平面正方形(第二圖)下部臺基現已崩潰，原有形制，無從探討。塼之表面劃刻斜紋，與下述崇聖寺千尋塔之塼大體相似。臺上塔身，每面約闊四公尺半。塔身東面設門，門內為方形小室，直貫上部；其背面嵌萬曆三年碑，紀明建文萬曆二代重修事蹟頗詳。塔身以上，構密檐十三層，皆以菱角牙子與疊澁組合而成。全體比例，在省內同系諸塔中，最為無懈可擊，而詳部結構如檐之厚度自上而下逐漸減薄，與檐之兩端未成顯著之反翹，及斷面挑出較長，凹入較大；均與中原唐塔極為接近，故其外觀秀麗亦為滇省諸塔之冠。塔頂之相輪，華蓋，寶珠等搭配層次，與分件比例，為明以來南方通行式樣，但何時所置，因無顯證，尚難臆定。

此塔建造年代，縣志謂建於唐憲宗元和十五年(公元八二〇年)五月，即野史所謂南詔主勸龍晟時期。此外另無旁證可資引用，然其結構式樣，為唐代同期之物，決無可疑。足窺其時中原文化遠披四裔，其深刻普遍，有非後人所可幾及者。

图 1-2-16 《营造学社汇刊》中刘敦桢对云南大理县佛国寺塔的手绘现场勘查报告（报告中作者对建筑的历史沿革、现存状态、构造尺寸、建筑做法等各个方面都进行了描述记录，这只是学社测绘报告中最为简单的一例）

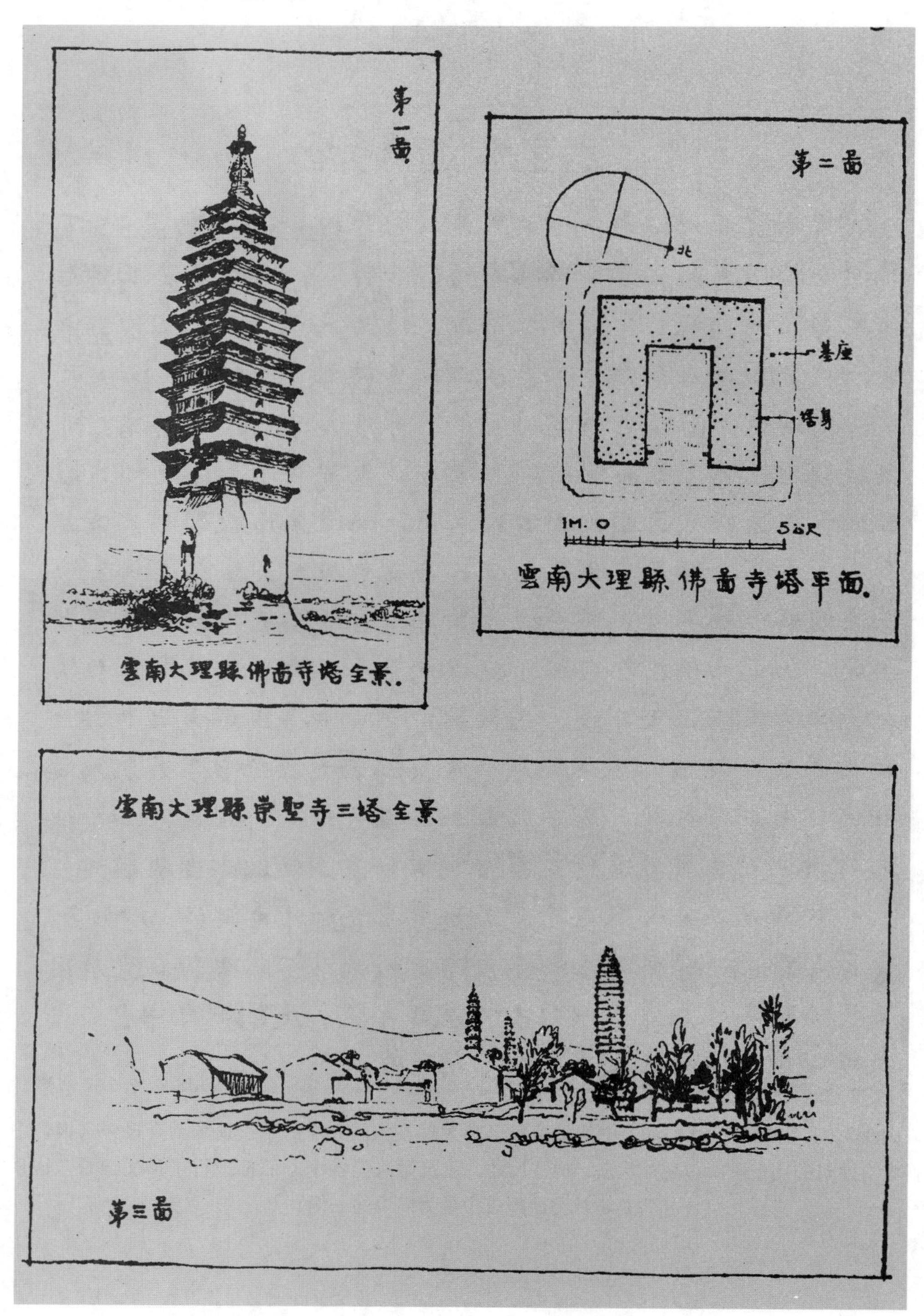

图 1-2-17《营造学社汇刊》中刘敦桢对云南大理县佛国寺塔的手绘现场测绘图纸

第 2 章　古建筑测绘基本知识

2.1　古建筑测绘的基本定位

现行古建筑测绘根据工程目的及要求大致可分为四个级别：迁建工程测绘、修缮工程测绘、档案资料测绘、新项目新课题研发测绘。

迁建工程测绘：是为建筑异地重建提供资料，如山西省济县永乐宫等。测绘要求精准度高，工作深度及广度要求也都比较高，无论数据采集还是现状测绘均要求全方位测绘，建筑各构件均要求分件实测，建筑法式、做法要求准确、全面。

修缮工程测绘：是为建筑修缮提供资料。建筑数据采集可按四分之一测绘，其余四分之三建筑数据核准。现状测绘要求全面深入，建筑法式、做法要求准确、全面。

档案资料测绘：是为文物存档普查提供资料。可根据所需普查资料的具体要求酌情按类型进行测绘，以法式、做法测绘为主，现状测绘按要求可略减。

新项目新课题研发测绘：根据具体项目的具体要求进行测绘，如数字化虚拟技术应用就需要进行尺寸的精准测绘，现状测绘基本可以省略。这类测绘一般采用精准仪器进行测绘，直接进行数字化采集。

2.2　测绘图的绘制

测绘图即草图、测稿，是现场徒手绘制，按照所测建筑物、构筑物等的现状及工作的具体要求而忠实地反映和展示出的各部结构及做法。

1. 绘制草图的必要性

绘制草图是进行内业工作的保证，草图的准确性直接关系到图纸的质量及准确性。

2. 测绘图绘制要点

（1）结构交代要准确清楚：草图中结构交代的正确性对于一个工程来说尤为重要，它关系到内业工作的正常进行，关系到最终勘查文本的准确性。

（2）外观形态要准确：无论是建筑物的局部构造，还是各个单体构件的外观形状，勾画时均要求达到与实物基本相似，尤其要注意抓住所画构件在做法上的时代特点和风格。现在的拍摄等数码设备的运用是外观形态准确性的保证。

（3）比例关系要正确：准确的比例关系可以正确、真实地反映所绘构件的真实性，同时正确的比例关系给注记尺寸和绘制正式图纸提供保证。

（4）图面安排要合理：图面安排合理、均匀、适当可为内业的工作带来便利。在绘制草图时要为标注尺寸及文字留出足够的空间、位置。

（5）线条运用要清晰、合理：勾画各种图样的线条，要求尽可能达到流畅自如、清晰醒目的效果，避免过多地用橡皮擦拭或反复用笔重描、深描，以确保整个图面的洁净美观、正确无误和历史草图的使用价值。

（6）编号要准确便于整理：编号的准确性为内业整理工作带来便利，也为今后的存档工作提供保证，同时也可避免、减少测绘工作中的遗漏。

2.3 现行古建筑测绘常用工具

（1）盒尺、卷尺：是用来量取距离的常用工具，一般测量较小及人体可触及范围内的距离。常用盒尺规格为 5m、7.5m，卷尺常用规格为 30m、50m，有端点尺和刻度尺之分，即零点位置不同，测绘时应注意。盒尺宜选用刚度较强、字迹清晰、制作精密、可水平伸出 2m 左右不打折的。卷尺宜选用抗拉强度高、不易拉伸、字迹清晰、不易损坏的。见图 2-3-1。

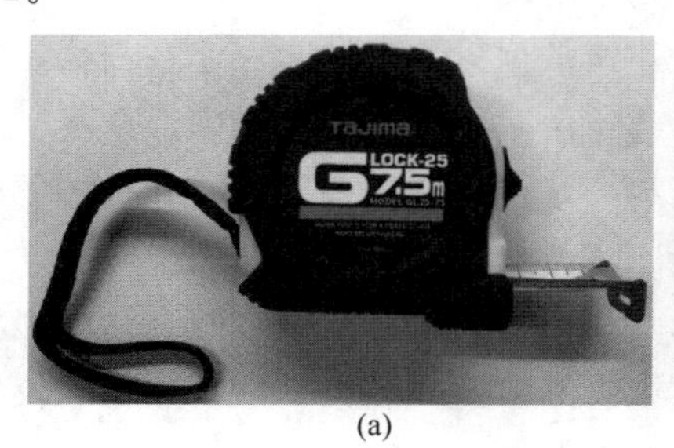

(a)

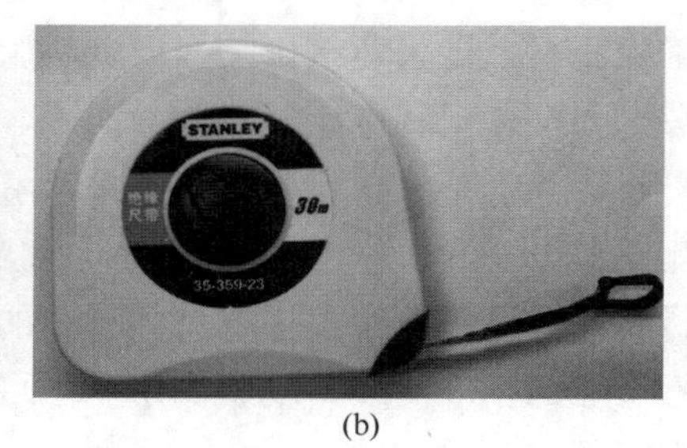

(b)

图 2-3-1　盒尺、卷尺

(a) 盒尺；(b) 卷尺

（2）测距仪：是用来量取两点间直线距离的电子工具。当想获取人体无法触及位置的距离时，可用此工具，但要求两点间无遮挡。可测建筑物高度、长度等两点间较大直线距离的尺寸。见图 2-3-2。

（3）GPS：是用来进行建筑定位，获取绝对高程及方位的电子工具。见图 2-3-3。

图 2-3-2　测距仪

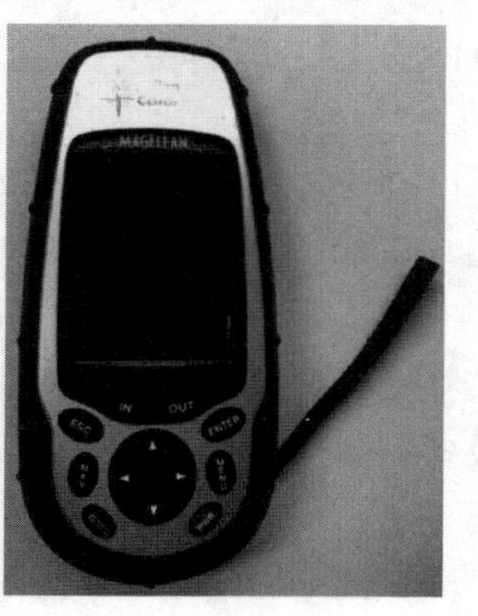

图 2-3-3　GPS

（4）经纬仪：是用于测量水平角和竖直角的，要求仪器要调平，读数要精准。见图 2-3-4。

（5）水准仪：是测建筑高差和高程的，常用来测每组建筑相对标高。要求仪器要调平，读数要精准。见图 2-3-5。

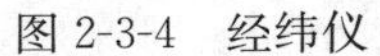

图 2-3-4　经纬仪

图 2-3-5　水准仪

（6）全景扫描仪：可扫描建筑物。通过扫描的点云图绘制建筑二维 CAD 平面、立面、剖面图纸，也可根据点云图分析建筑变形程度。见图 2-3-6。

（7）角尺：用来测量方形截面构件的宽、高尺寸和圆柱形构件的直径，如梁、枋等。见图 2-3-7。

图 2-3-6　全景扫描仪

图 2-3-7　角尺

（8）卡尺：用来测量圆形构件周长的工具，如柱径、檩径、梁、枋等。见图 2-3-8。

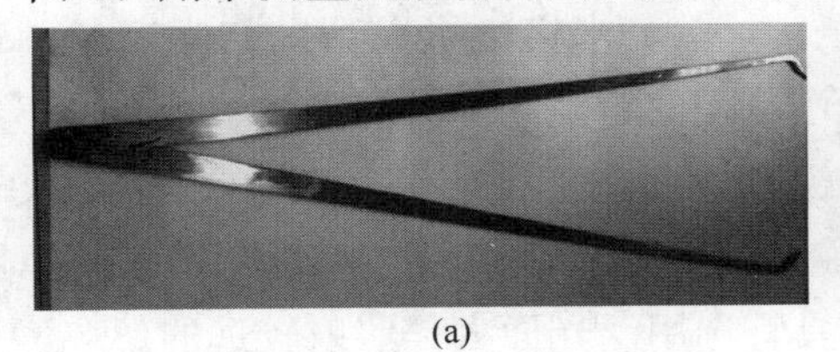

(a)

(b)

图 2-3-8　卡尺

(a) 测量构件截面（大）的卡尺；(b) 测量构件截面（小）的卡尺

（9）线锥：用来测量柱的侧脚、墙壁收分、构件水平投影距离等，在大致检验构架是否有倾斜歪闪时都需要有线锥辅助测量。见图 2-3-9。

（10）水平尺：用于在测量中找水平线。同时也可验证构件平面的水平程度。见图 2-3-10。

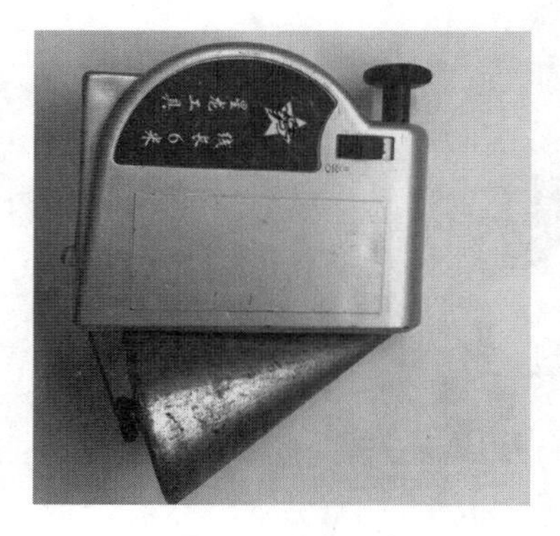

图 2-3-9　线锥

图 2-3-10　水平尺

（11）照相机、摄像机：用于采集建筑物资料信息的电子工具。绘制草图时需要拍摄照片作为对草图的补充，同时也是记录建筑现状情况的工具。相机宜选用广角、变焦大的，便于拍摄建筑立面及详图大样。见图 2-3-11。

（12）测距车：是用来量取较长距离曲线或直线长度的量距设备，如测量不规则湖岸、道路、院墙长度。见图 2-3-12。

图 2-3-11　照相机

图 2-3-12　测距车

（13）其他：米格纸、笔、橡皮、夹子、灯等。米格纸可以帮助初学者勾画草图，使线条更加规矩。笔应选择颜色较重、持久性更强的铅笔，同时应准备多种颜色不易洇纸的签字笔。铅笔用来勾画草图，签字笔用来标注做法、现状或特殊说明的内容。夹子可选择 A4、A3 规格且便于携带的。见图 2-3-13。灯有头灯和手持灯，头灯辅助勾画草图，手持灯用来勘查吊顶或昏暗处的建筑构件，灯具宜选用泛光面大、照射较远的。

（14）钢梯、移动脚手架、安全绳：钢梯是测绘中最常用最便利的攀爬工具，钢梯规格较多，应根据所测建筑的体量及部位选择合适的钢梯，最好选用可拉伸的。移动脚手架

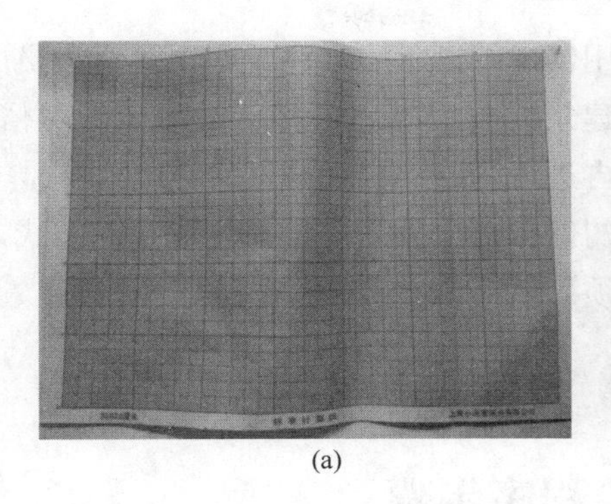
(a)

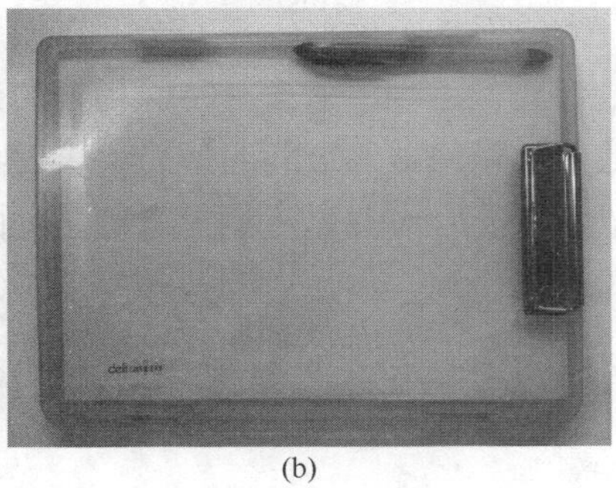
(b)

图 2-3-13　其他工具

(a) 米格纸；夹子、笔

多用于室内，便于摄像时使用。测绘人员在攀爬屋面较滑或较高位置时应佩戴安全绳，确保人员安全。见图 2-3-14。

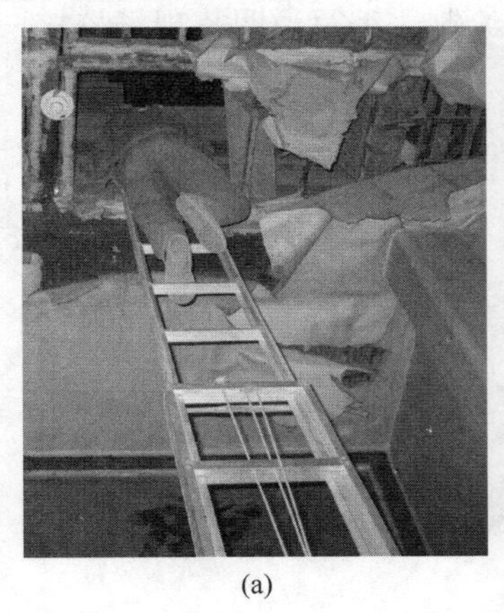
(a)

(b)

图 2-3-14　攀爬工具

(a) 钢梯；移动脚手架

2.4　现场测绘的安全要求及注意事项

一般情况下，古建测绘的场所大多都是尚未进行过修缮的地方，场地内情况较为复杂，存在隐形危险，所以要多加小心，安全尤为重要。进场后应先观察被测建筑的安全情况，选择结构安全的位置进行测量。测绘时应衣着整齐、严肃认真，测量过程中避免打闹、自由散漫等现象出现。同时注意测绘工具的使用，铁梯、铅锤等工具使用不当均易造成人员伤害，所以使用时应注意安全。还有些测绘场地处于人流量较大的开放区域，这时更应注意安全，尽量选择游人少的位置测量并拉好警戒线，防止游人入内。测绘现场要听从安排，不可擅自行动。

在测绘过程中，在攀登脚手架或爬梯时也应注意安全，量力而行。在蹬爬屋面时，应走瓦当，避免走琉璃瓦面的筒瓦，注意防滑，雨后、雪后避免立即蹬爬屋面。在使用钢梯时底下应有人员保护，确保钢梯安全，在使用铅锤等工具时应注意底下测量人员的安全。

在测量寺庙、道观、宗教等特殊场合的建筑时，应遵守这些特殊场所的习俗及要求，对场所内的佛像、法器等应问明禁忌要求后再进行测绘。

总之，在测绘时应首先注意自身对文物的保护，尽量采取无损伤测量的方式，避免进行破坏性的有损伤测绘，如遇到特殊要求必须确认做法或残损情况时应请专业人员操作，测绘完毕后应尽量恢复原状或做好妥善保护。

2.5 测绘程序步骤

测绘程序步骤包括：现场踏勘—编写测绘计划（业内分组分工及准备工具）—根据分工情况查询所测建筑的文献记载—现场分组勾绘草图—分组进行尺寸测量—按阶段性进行内业数据汇总校核—现场校核尺寸—对建筑法式、做法进行记录—对建筑现存状态进行勘查记录—业内测绘数据、文字整理汇总—电子图纸绘制、编写说明—现场校核—成果修整—审图—出图。

第 3 章　现场踏勘及前期准备

3.1　现场情况勘查

在正式测绘进场前应由项目负责人或带队老师对测绘现场进行踏勘，确认测绘范围及深度，观察现场地理条件及建筑自身的测绘条件。根据现场条件确定所需人员数量、测绘工具类别、工具数量，协调安排现场应具备的工作条件。如建筑处于偏远山地，路途较远，那就要根据情况安排住宿等事宜；如建筑临水或山崖，那就要在进场测绘前做好安全防护工作；如建筑较为高大，无法使用爬梯，那就要搭设脚手架；如建筑内堆满杂物，无法勘查那就要协调相关部门清理出相应的工作面；如现场杂草茂盛，就要准备相应的除草工具及防蚊虫的药物。总之，现场踏勘的目的就是尽可能了解现场测绘条件，根据实际需要准备相应设备，合理安排工作。

3.2　编写测绘计划

根据踏勘所了解到的工作范围、深度及现场条件编写测绘计划。测绘计划内容包括人员数量、分组、具体工作内容、工作时间、完成时间、设备分配情况等。一般情况一个小组不少于 3 人，一人记录，两人配合测量。每组均需配备盒尺、卷尺、测距仪、角尺、卡尺、线锥、水平尺、照相机等小型工具。钢梯等大型设备可根据情况每三组配备一个，三组内协调使用。需要经纬仪、水准仪、扫描仪等电子设备时，应单独设组，专人进行统一操作。

例如：一组建于平原的一进四合院建筑群（图 3-2-1），本组建筑群分为三组进行测绘，每组 3 人，配备一个钢梯，一台水准仪。测绘计划见表 3-2-1。

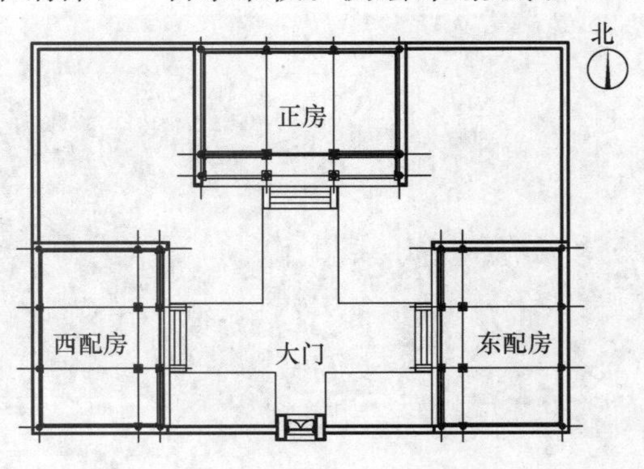

图 3-2-1　一进四合院平面图

表 3-2-1　现场测绘计划表

分组	各组工作内容	第一天	第二天	第三天	第四天	第五天	测绘深度要求
第一组	测量总平面及大门	勾画草图	测量总平面，测量标高	测量大门	总平面及大门现状普查	核准查漏补缺	最终绘制CAD平、立、剖面图及装修、墙身等详图，编制勘查报告，进行修缮方案设计
第二组	测量正房	勾画草图	利用梯子测量剖面及高处的节点。	测量平面及节点	记录建筑做法及现状普查	核准查漏补缺	
第三组	测量东西配房	勾画草图	测量平面及节点	利用梯子测量剖面及高处的节点	记录建筑做法及现状普查	核准查漏补缺	

注：此表仅供参考，应根据实际工程及人员配备情况进行编写。

3.3　现场工具设备的准备

通过现场踏勘并结合测绘深度要求，提出现场所需钢梯规格数量或脚手架搭设位置。联系相关人员准备所需工具设备，并确认测绘期间工具设备的保存位置。如建筑较高时应有升降爬梯，梯子无法满足测绘要求时应请专业队伍搭设脚手架，并指定搭设位置。

通常建筑外檐按 1/4 搭设测绘架子，有山花的山门要求满搭，屋面坡长较大的应搭设爬梯架，室内有吊顶的可搭设井字爬梯架，没有吊顶的至少应按 1/2 搭设。搭设架子时应做好对文物的保护，避免架子对文物的损害。测绘时对小型可移动文物尽量先存入库房，如不具备另行保管的条件，现场也要做好封存。

测绘使用的脚手架比起施工的脚手架相对简单，基本满足测绘使用即可，所以一般情况脚手板相对较少，在测量不同部位时需要随时调整脚手板位置，这项工作最好由专业架子工来配合，脚手板禁止踩踏探头，在架子上时应注意安全，位置较高时佩配戴安全带、安全帽。

建筑外檐搭设测绘脚手架见图 3-3-1、图 3-3-2；建筑廊内搭设测绘脚手架见图3-3-3～

图 3-3-1　大型建筑外檐应搭设 1/4 测绘脚手架（建筑正立面明间至尽间应满搭）

图 3-3-2 大型建筑外檐应搭设 1/4 测绘脚手架（建筑侧立面应满搭）

图 3-3-5；建筑二层檐搭设测绘脚手架见图 3-3-6；建筑翼角搭设测绘脚手架见图 3-3-7；建筑屋面搭设测绘脚手架见图 3-3-8～图 3-3-10；建筑山面搭设测绘脚手架见图 3-3-11、图 3-3-12；建筑吊顶内搭设测绘脚手架见图 3-3-13～图 3-3-16；建筑吊顶内放置脚手板进行测绘见图 3-3-17、图 3-3-18。

图 3-3-3 大型建筑廊内测量搭设的测绘脚手架

图 3-3-4 大型建筑廊内测量搭设的测绘脚手架

图 3-3-5　如建筑内不适合搭设脚手架，需使用钢梯测量时，钢梯下方应有人员保护

图 3-3-6　大型建筑二层檐测量搭设的测绘脚手架

图 3-3-7　建筑翼角测量搭设的测绘脚手架

图 3-3-8　大型建筑屋面测量搭设的测绘脚手架

图 3-3-9　大型建筑屋面测量搭设的测绘脚手架

图 3-3-10　大型建筑屋面测量搭设的测绘脚手架

图 3-3-11　歇山建筑山花测量搭设的测绘脚手架

图 3-3-12　硬山建筑山尖测量搭设的测绘脚手架

图 3-3-13　利用钢梯进入井口天花吊顶进行测绘，钢梯头部应搭在大梁或边吊顶梁上

图 3-3-14　利用钢梯进入吊顶进行测绘，钢梯头部应搭在大梁或吊顶边梁上

图 3-3-15　大型建筑室内搭设井字脚手架以便进入天花吊顶内进行测绘

图 3-3-16　大型建筑吊顶内搭设的井字测绘脚手架可由室内地面穿过天花直搭到脊步，也可在天花内大梁上搭设，在梁上搭设应核算梁的承载力

图 3-3-17　吊顶内测绘应放置脚手板，避免踩踏天花板

图 3-3-18　吊顶内测绘应踩踏脚手板或大梁，避免踩踏天花板

以上为常见的几种测绘脚手架的搭设形式，实际搭设时也要结合场地、资金等条件选择合适的搭设方式。

3.4　测绘工具的准备

测绘工具、设备要定期检测。在进场前应确认测绘设备是否进行了定期检测，盒尺、卷尺刻度是否清晰。角尺、卡尺、水平尺是否平整，切不可使用变形的工具。需要充电的设备应及时充电，需要电池的应配备齐全。所有工具均应在业内调试、检测合格后方可进行测绘使用。

3.5　人员装备的准备

测绘人员应穿着活动方便舒适、耐磨防尘的服装进行测绘。禁止穿皮鞋、凉鞋、拖鞋、穿着暴露进入测绘现场。若需要进入吊顶内测绘，需配备口罩等防尘设施，并做好对相机等电子设备的防尘保护。冬季测绘要注意保暖，同时也要活动方便。夏季测绘做好防晒、防蚊，以防中暑。雨天、雪天禁止室外高空测绘。测绘现场禁止携带烟火，禁止打闹。山区禁止雨天测绘，防雷防滑坡。测绘毕竟是室外作业，应配备必要的急救包，如遇到小的擦伤刮伤可及时处理，测绘人员应了解简单的急救方法，遇事时可冷静处理。

测绘人员在进场前应做好思想动员工作、强调注意事项。测绘是一项枯燥、辛苦又略带危险的工作，需要耗费一定的体力、精力，所以需要测绘人员具备严谨、不怕困难的工作态度，也要有团队合作精神。现在比起营造学社时期的测绘条件已经是天壤之别，无论是设备、技术还是交通等各个方面都有了很大的改善提高。现场工作认真、草图绘制详细，可以避免业内工作无必要的返工。

测绘人员应尊重现场，不同民族、不同宗教的建筑，对来访者有着不同的行为要求，如有些建筑内是不允许穿短裤进入的，有些建筑内是不允许女生进入的，所以工作前要询问清楚，做好着装准备。

3.6 测绘资料、档案准备

测绘前应对所测建筑的历史严格进行详细查阅，包括建筑始建年代、历代修缮记录、历代使用情况，建筑所处地理位置等，通过文字档案的查询可对所测建筑有一定的初步了解，同时也可对文字记录不全或不准确的部分在测绘过程中查漏补缺或加以注意强化。通过对建筑背景的查阅，有助于测绘中对建筑做法、构造及残损原因的理解和确认。如果了解到一座建筑是由另外一座塌毁建筑的旧料建造而成的，当测绘发现该建筑使用墩接或包镶的料时，就不难判断哪些是原始做法、哪些是修缮时更换或加固的。所以测绘前了解建筑背景，有助于我们在测绘过程中对建筑做法、尺度、残损原因的判断。

第 4 章　古建筑尺寸的测绘

4.1　建筑群总平面的测绘

总平面图测绘是对古建范围内的各种建筑物、围墙、照壁、牌楼、牌坊、廊庑、古碑刻、道路、地面铺装、古井、古树、古塔、香炉等进行测量定位，注明与相邻建筑物、构筑物的位置关系。总图中的建筑物、构筑物、道路、植物、湖河驳岸、假山等仅表示出该物的最外围线框或中心点即可。同时对建筑物周边突出的地形地貌特征也应记录定位。总平面图主要表现古建范围内所建筑物、构筑物、地形地貌的相对关系、标高、指北针等内容。总平面图中也应标明各建筑物、构筑物的名称或编号，以便与单体图相对应。见图 4-1-1～图 4-1-5。

图 4-1-1　利用水准仪测量总平面标高

图 4-1-2　利用水准仪测量总平面标高

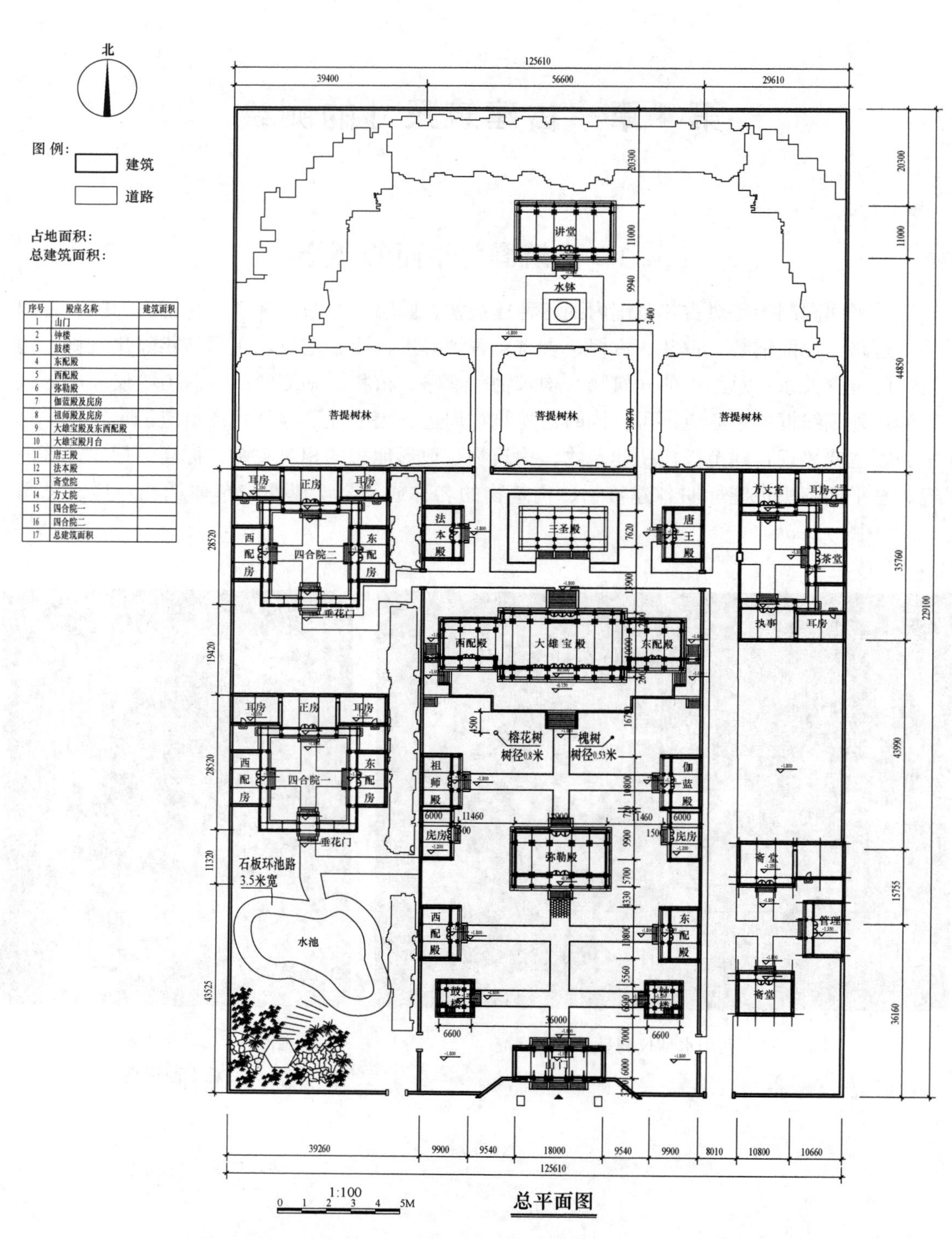

序号	殿座名称	建筑面积
1	山门	
2	钟楼	
3	鼓楼	
4	东配殿	
5	西配殿	
6	弥勒殿	
7	伽蓝殿及庑房	
8	祖师殿及庑房	
9	大雄宝殿及东西配殿	
10	大雄宝殿月台	
11	唐王殿	
12	法本殿	
13	斋堂院	
14	方丈院	
15	四合院一	
16	四合院二	
17	总建筑面积	

图 4-1-3　古建总平面图主要表示建筑物、地形地貌的相对关系、标高、指北针及面积等指标

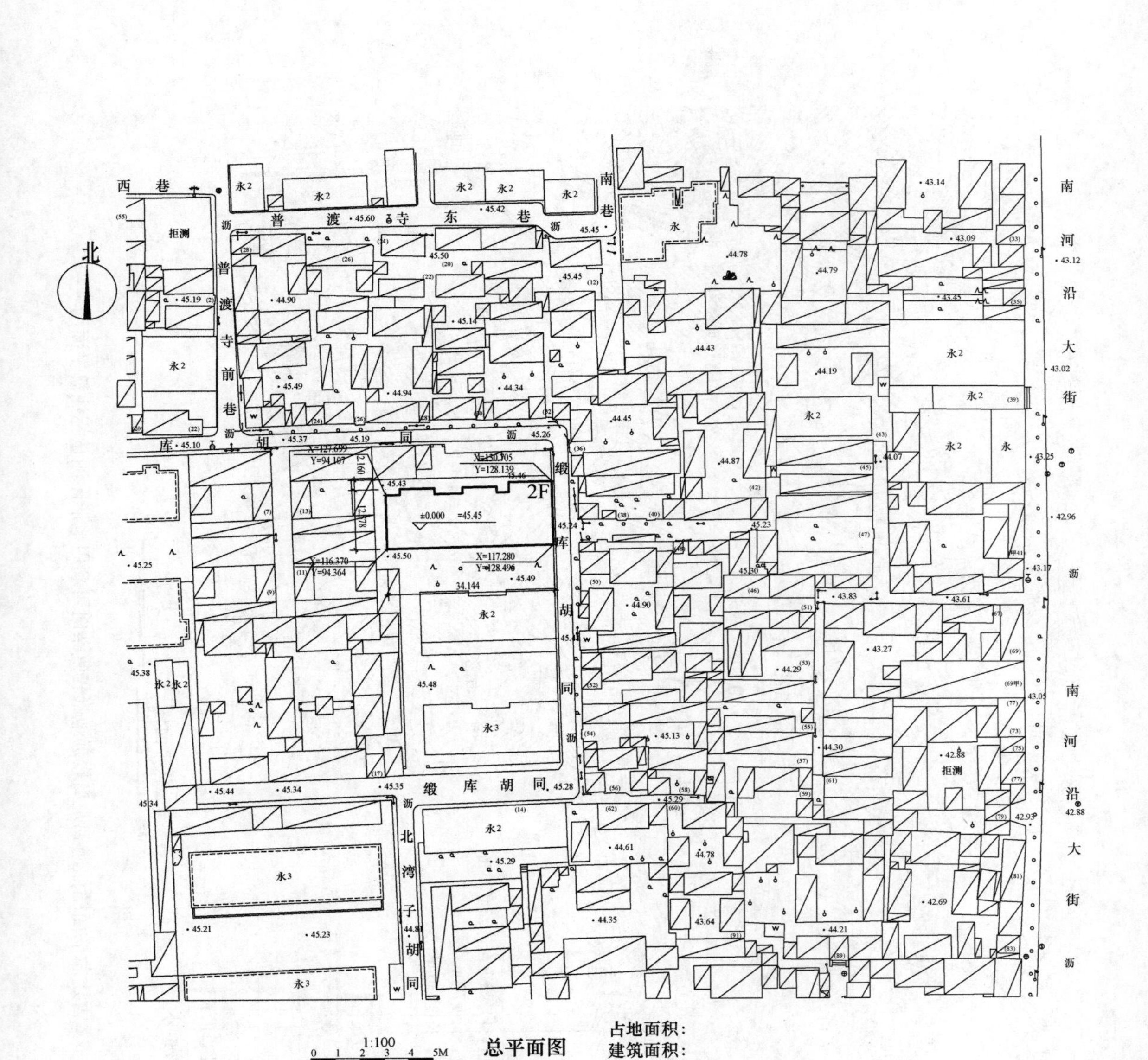

图 4-1-4　古建总平面如遇到单体且有测绘总图时也可采取坐标形式标注

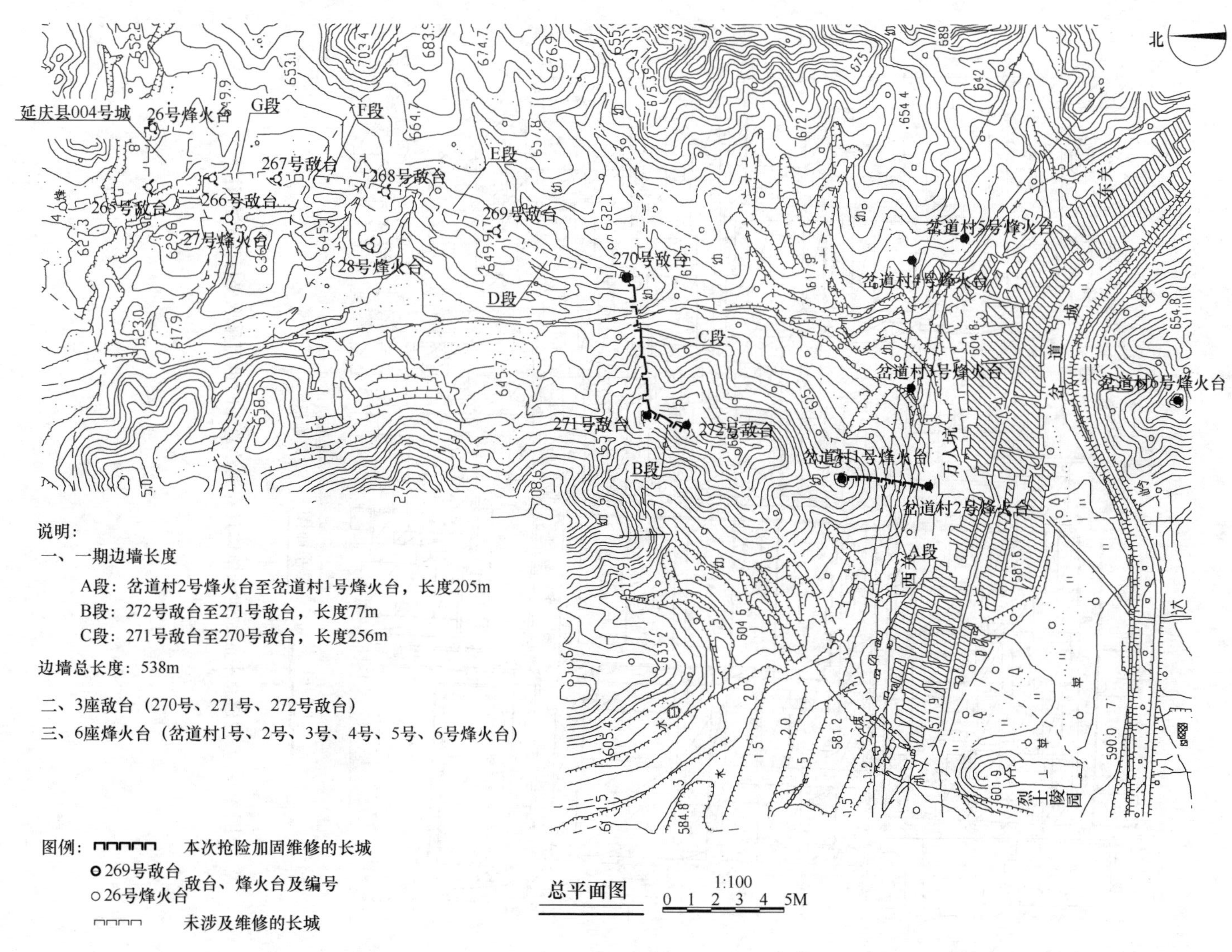

图 4-1-5　古建总平面图如遇到距离较远地形较复杂时可利用地形图测量标注总平面图

图 4-1-6　地势复杂的建筑可用 GPS 在地形图上定位

图 4-1-7　现场利用 GPS 确定遗址经度纬度、高程

图 4-1-8　现场利用 GPS 确定遗址经度纬度、高程

4.2　建筑单体平面的测绘

1. 测量步骤及原则

建筑单体平面图绘图主要步骤：轴线—柱子、柱顶石—墙体—地面—台帮—垂带、踏跺—散水。

2. 测量主要内容

建筑单体平面图中应标注的内容有：单体建筑名称或编号、测绘时间、地点、人员，建筑开间尺寸、进身尺寸、下出尺寸、山出尺寸、金边尺寸、小台阶尺寸、台明石尺寸、柱径尺寸、柱顶石尺寸、鼓径尺寸、墙厚尺寸、腿子宽、垂带尺寸、踏跺尺寸、室内外高差、地面铺装形式及尺寸、散水做法及尺寸、装修位置及开启方向、指北针方向、剖切位置及方向等，同时测出建筑台明四边总尺寸并现场进行分尺寸校核。见图 4-2-1。

3. 平面测量的方法及注意事项

因平面图所标尺寸较多较密，有些交点位置的尺寸、搭接不能清晰地标注出来，此时应在单体平面图中引出，放大标注节点。如腿子、角檐柱相交位置，槛墙、装修位置，廊心门位置等。

图 4-2-2、图 4-2-3 为廊心门平面测绘应标注的内容。

图 4-2-4 为现场测量开间尺寸，先定出柱中位置再量取开间尺寸。在量取开间、进身尺寸时也可通过量取透风中来确认开间、进身尺寸，大体量建筑一般都配有透风。

图 4-2-5、图 4-2-6 为利用卡尺量取柱径，量取柱径数据时应注意减去柱子地仗、油饰的厚度。柱径应量取柱根尺寸，当建筑柱子有收分时应分别量取柱根、柱头尺寸，平面柱径标注柱根尺寸，备注内注明柱头尺寸同时注明该柱子收分按柱高的百分之几或千分之几收。

图 4-2-7 利用水平尺及盒尺测量鼓径高。

图 4-2-8 利用直尺量取窗榻板至风槛的宽度。在量取旧构件尺寸时应注意木材质的变形、劈裂、糟朽等现象所造成的构件尺寸误差，读数时应尽量考虑避免这些误差。

图 4-2-9 通过透风测量外包金。

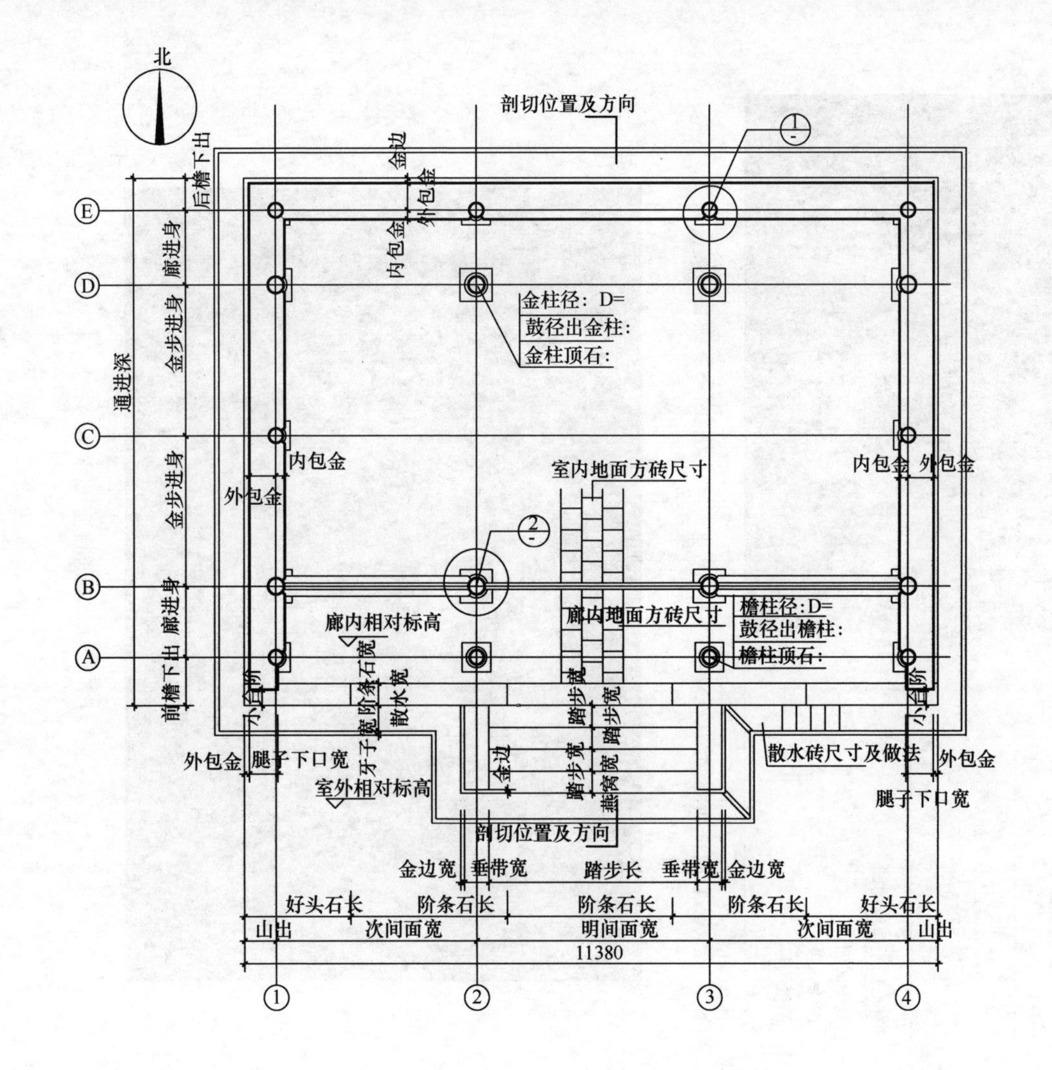

北
剖切位置及方向
金边
内包金
外包金
后檐下出
廊进身
金步进身
通进深
金步进身
廊进身
前檐下出
金柱径：D=
鼓径出金柱：
金柱顶石：
内包金
外包金
室内地面方砖尺寸
廊内相对标高
廊内地面方砖尺寸
檐柱径：D=
鼓径出檐柱：
檐柱顶石：
阶条石宽
散水宽
牙子宽
踏步宽
燕窝宽
金边
散水砖尺寸及做法
腿子下口宽
室外相对标高
剖切位置及方向
金边宽
垂带宽
踏步长
垂带宽
金边宽
好头石长
阶条石长
阶条石长
阶条石长
好头石长
山出
次间面宽
明间面宽
次间面宽
山出
11380

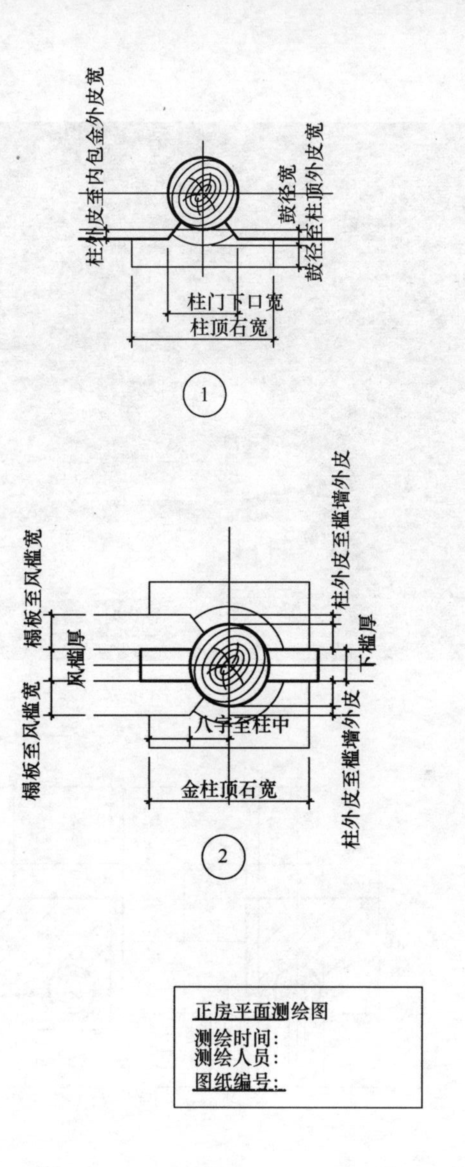

柱外皮至内包金外皮宽
鼓径宽
鼓径至柱顶外皮宽
柱门下口宽
柱顶石宽
1
榻板至风槛宽
风槛厚
榻板至风槛宽
柱外皮至槛墙外皮
下槛厚
柱外皮至槛墙外皮
八字至柱中
金柱顶石宽
2
正房平面测绘图
测绘时间：
测绘人员：
图纸编号：

图 4-2-1　平面测绘图

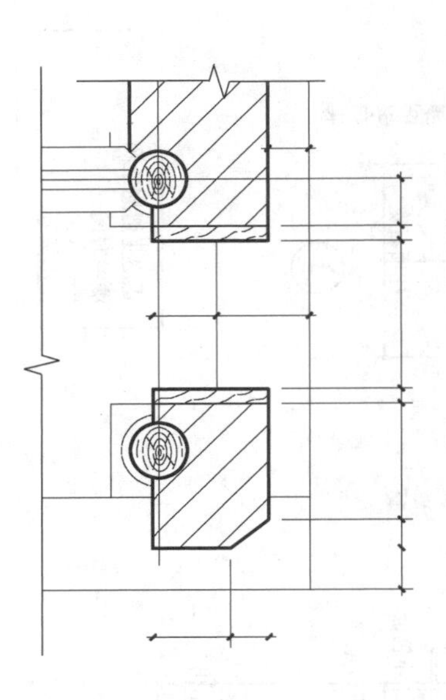

廊心门平面测绘图

测绘时间:

测绘人员:

图纸编号:

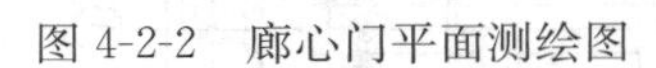

图 4-2-2　廊心门平面测绘图

图 4-2-3　廊心门

图 4-2-4　现场测量开间

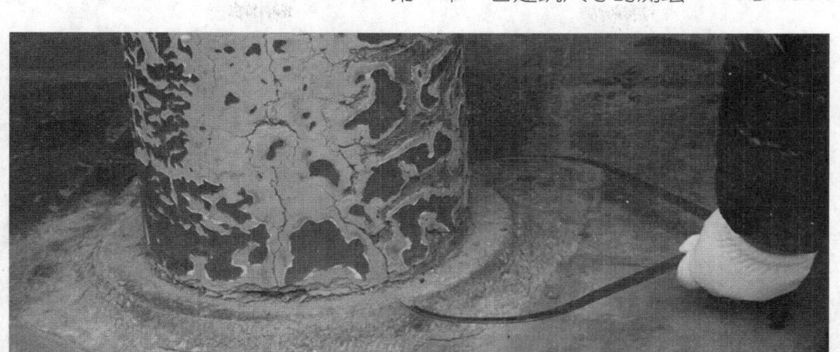

图 4-2-5　利用卡尺测量柱径、鼓径

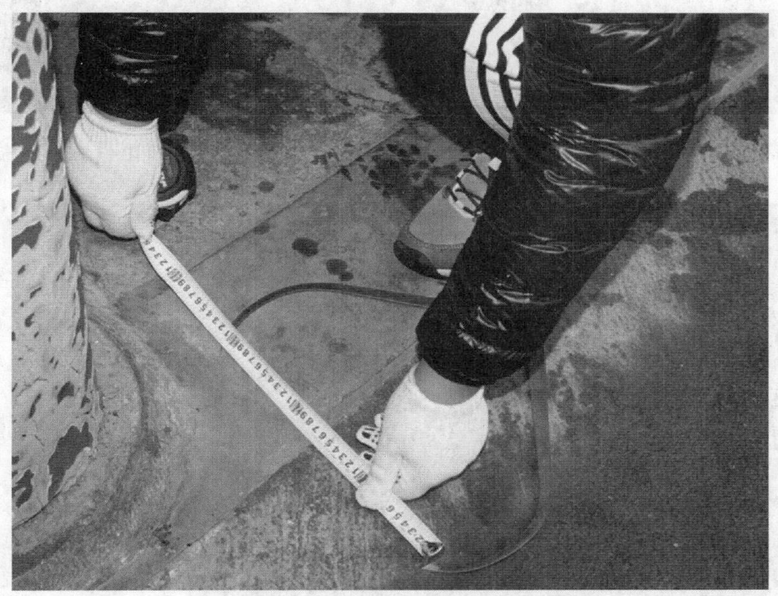

图 4-2-6　量取卡尺数据

图 4-2-7　利用水平尺及盒尺测量鼓径高

图 4-2-8　利用直尺量取窗榻板至风槛的宽度

图 4-2-9　通过透风测量外包金，也可通过确定透风中量取轴线尺寸

4.3　建筑剖面的测绘

1. 测量步骤及原则

建筑剖面图绘图主要步骤：轴线—台明、台基（埋头石、好头石等）—柱子—梁架—椽子—腿子、墀头（角柱石、压面石等）—墙体—屋面。总之测量剖面应先下后上，先总尺寸后细部尺寸、先整体后局部。

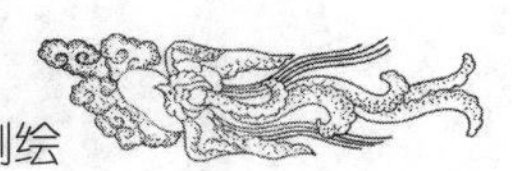

2. 测量主要内容

建筑剖面图分为纵剖面和横剖面，硬山、攒尖建筑只绘制纵剖面即可，歇山、庑殿等大体量建筑应绘制纵、横两个以上剖面，有些结构复杂的建筑要现场勾绘出局部节点剖面及构件仰俯视图用来辅助标注构件尺寸及位置，以避免图纸尺寸过小、结构重叠交代不清。剖面图中应标注的内容有：台面高、台明石厚、鼓径高、柱高、举架、步架、木构件尺寸（高×厚或看面宽）、下碱高、花碱、上身高，盘头尺寸、上出、回水、椽径、大小连檐尺寸、猫头、兽前长、兽后长、腰线石、挑檐石、脊兽小跑尺寸等。见图 4-3-1。

图 4-3-2、图 4-3-3 为廊心墙及檐头测绘时应标注的内容及尺寸；图 4-3-4 为歇山明间纵剖面测绘图；图 4-3-5 为歇山次间纵剖面测绘图；图 4-3-6 为歇山横剖面测绘图；图 4-3-7 为柱子有掰生、侧脚柱头与柱根测绘图；图 4-3-8 显示为利用铅坠现场测量柱子侧脚；图 4-3-9 为庑殿建筑推山剖面测绘图；图 4-3-10 为歇山木构架俯视测绘图；图 4-3-11 为歇山屋面俯视测绘图，测量各屋脊尺寸；表 4-3-1 为测绘构件尺寸表。为确保构件尺寸记录清晰便于整理，在测量的同时也可将数据填写在尺寸表中。

表 4-3-1　测绘构件尺寸表

构件尺寸（单位：mm）斗口							构件尺寸（单位：mm）斗口						
序号	构件名称	长	宽	高	厚	径	序号	构件名称	长	宽	高	厚	径
1	檐柱						21	踩步金					
2	檐柱顶						22	趴梁					
3	檐柱鼓径						23	顺梁					
4	金柱						24	承椽枋					
5	金柱顶						25	围脊枋					
6	金柱鼓径						26	瓜柱					
7	额枋						27	踏脚木					
8	穿插枋						28	穿					
9	桃尖梁						29	草架柱					
10	平板枋						30	博缝板					
11	正心桁						31	山花板					
12	挑檐桁						32	角梁					
13	金檩						33	檐椽					
14	金垫板						34	飞椽					
15	金枋						35	上出					
16	五架梁						36	下出					
17	脊檩						37	山出					
18	脊垫板						38	下碱					
19	脊檩						39	上身					
20	扶脊木						40	台明石					

注：表格内构件名称可根据不同建筑实际构件进行增减调整。

剖面构件尺寸表

序号	构件名称	高(mm)	宽(mm)	厚(mm)
1	檐檩			
2	檐垫板			
3	檐枋			
4	下金檩			
5	下金垫板			
6	下金枋			
7	上金檩			
8	上金枋			
9	脊檩			
10	脊枋			
11	扶脊木			
12	抱头梁			
13	穿插档			
14	穿插枋			
15	五架梁			
16	三架梁			
17	金瓜柱			
18	脊瓜柱			
19	台明石			
20	角柱石			
21	压面石			
22	金边石			

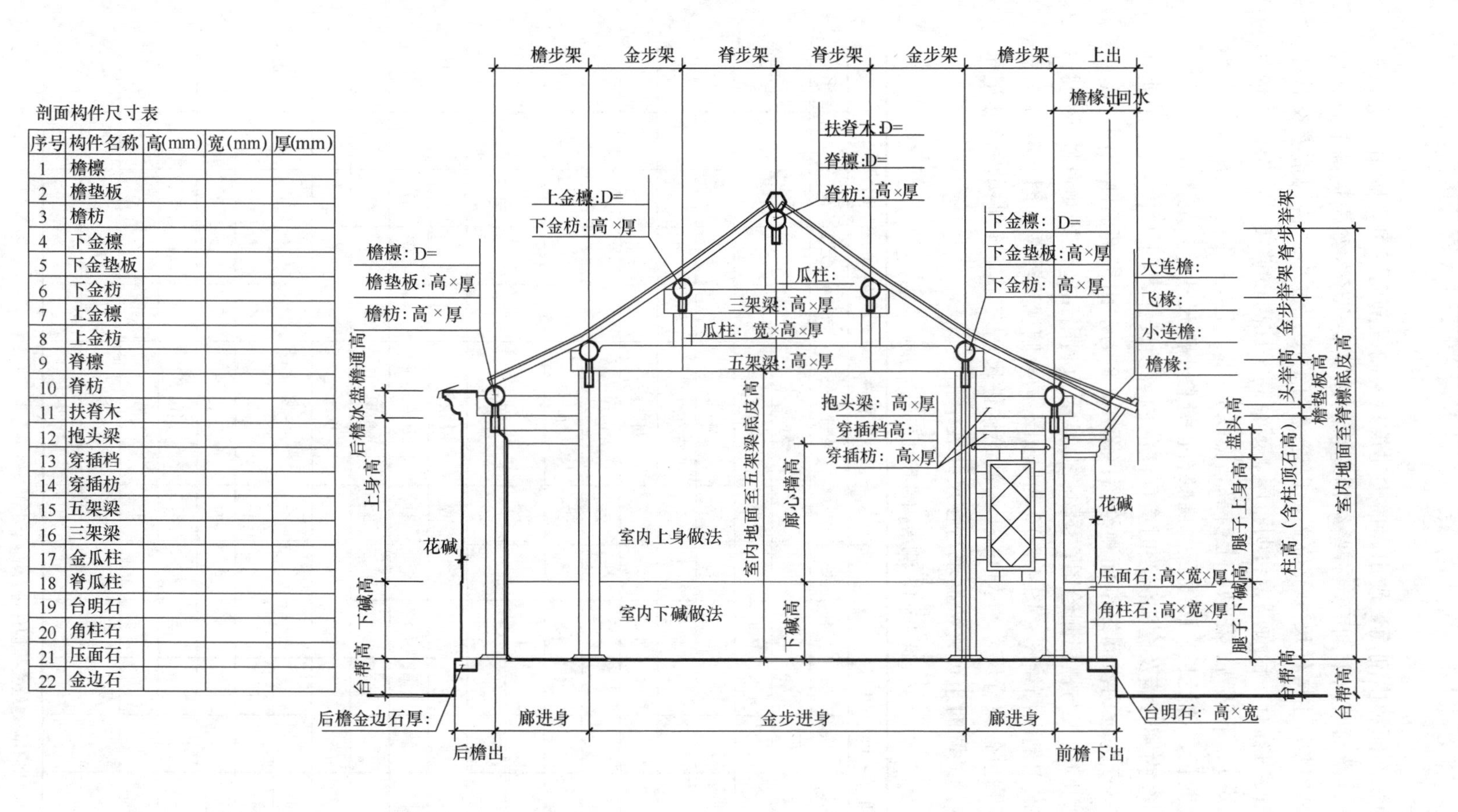

1-1剖面测绘图

测绘时间：

测绘人员：

图纸编号：

图 4-3-1　硬山建筑明间剖面测绘图

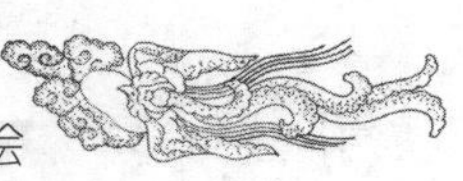

图 4-3-2　廊心墙

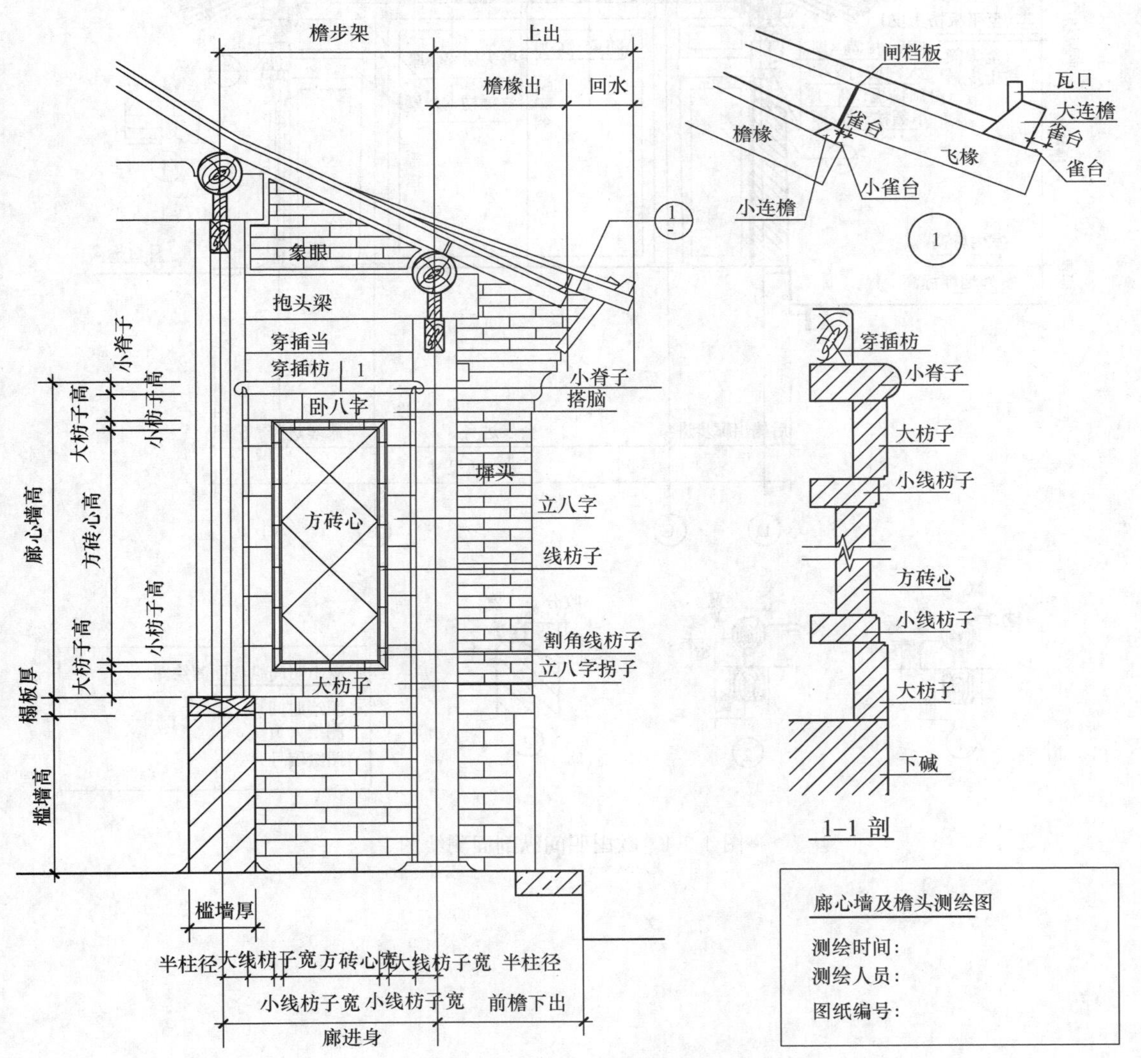

图 4-3-3　廊心墙及檐头测绘图

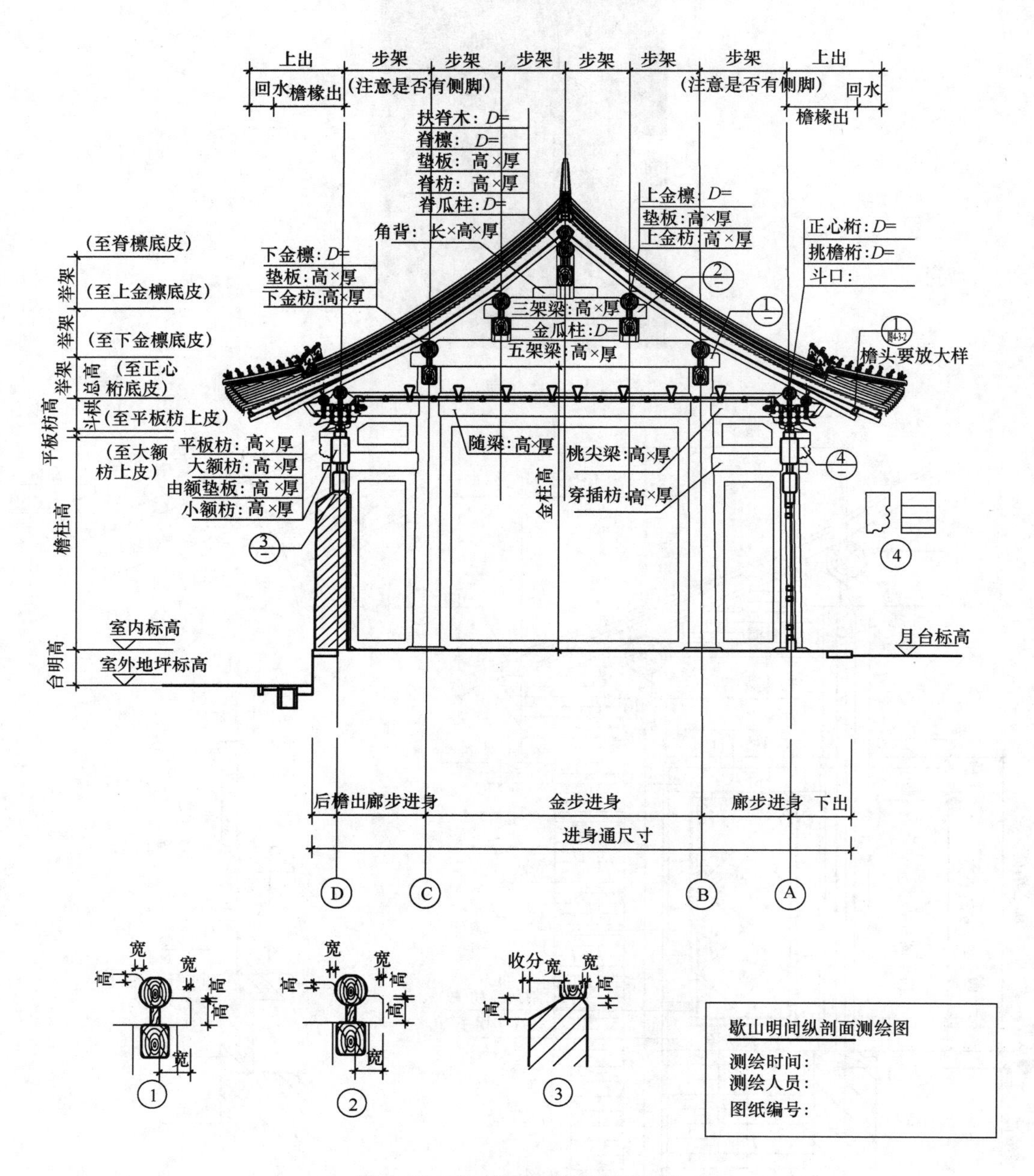

图 4-3-4 歇山明间纵剖面测绘图

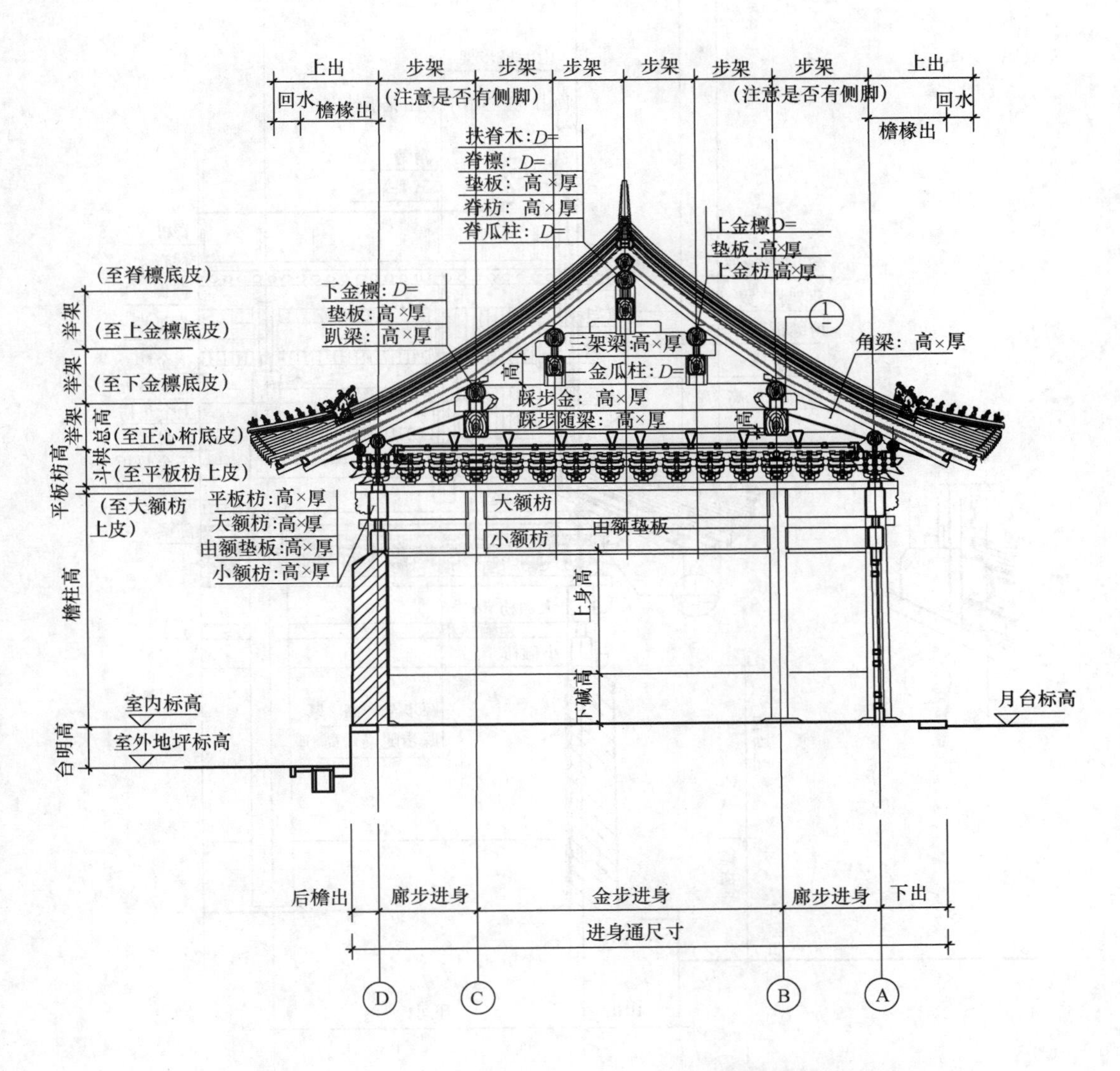

注：檐柱、金柱侧脚、收分尺寸
剖面图中斗栱、天花、脊均需要放大样分件进行测量

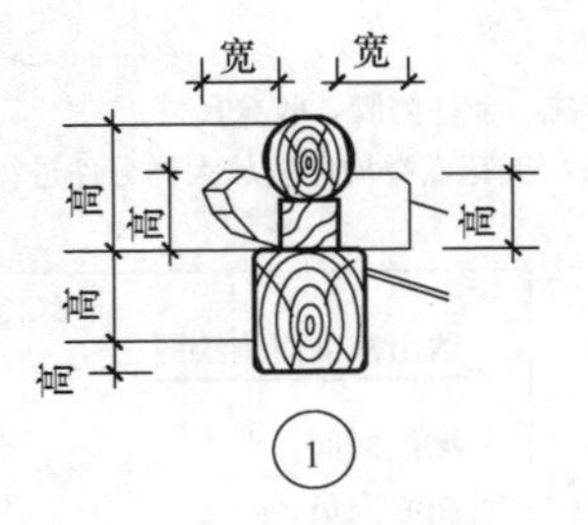

歇山次间纵剖面测绘图
测绘时间：
测绘人员：
图纸编号：

图 4-3-5　歇山次间纵剖面测绘图

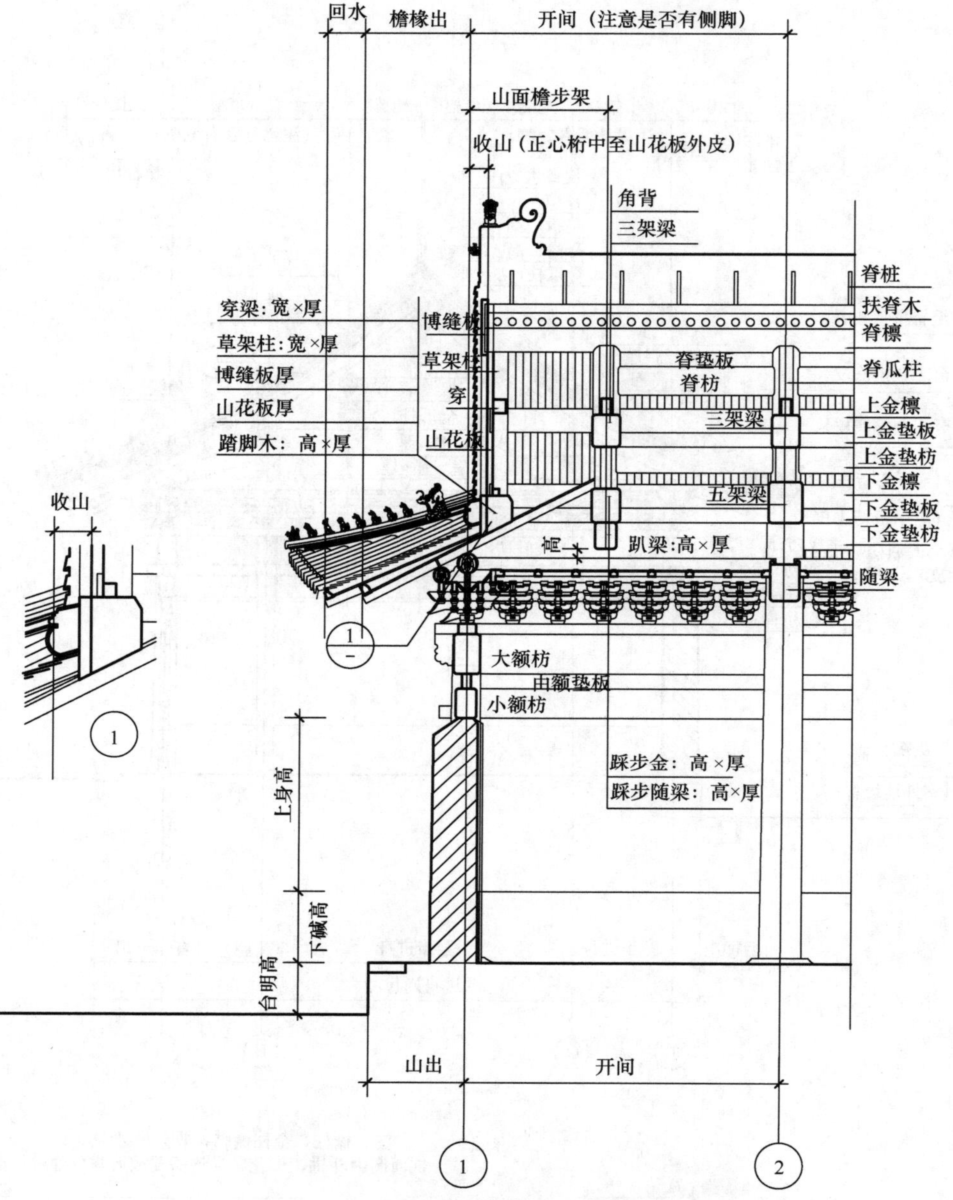

注：檐柱、金柱侧脚、收分尺寸

剖面图中斗栱、天花、脊均需要放大样分件进行测量

歇山横剖面测绘图

测绘时间：

测绘人员：

图纸编号：

图 4-3-6　歇山横剖面测绘图

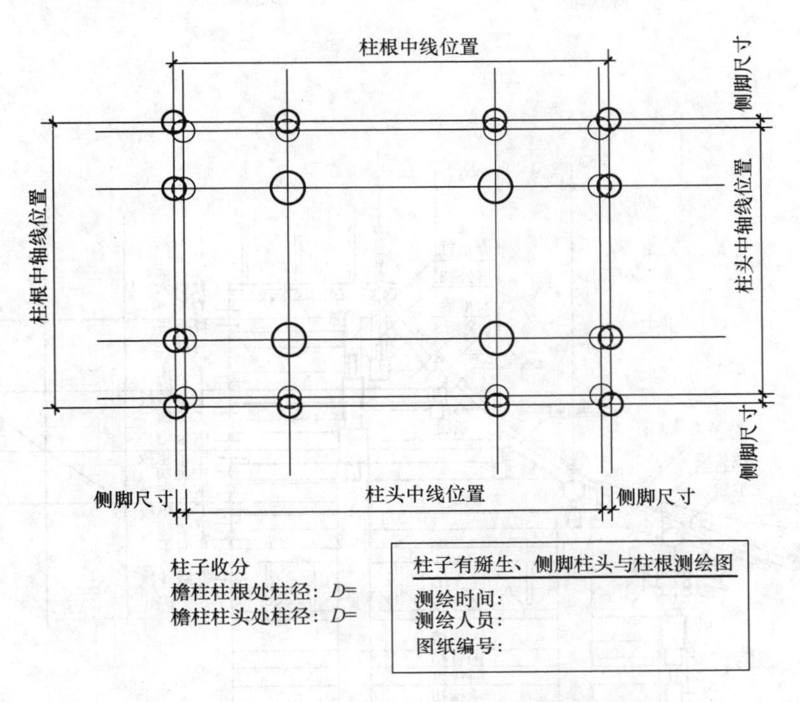

图 4-3-7　柱子有掰生、侧脚柱头与柱根测绘图

图 4-3-8　利用铅坠现场测量柱子侧脚（先找出柱根中线位置，再将铅坠线顶在柱头中处，这时量取铅坠头与柱根中线的距离即侧脚尺寸）

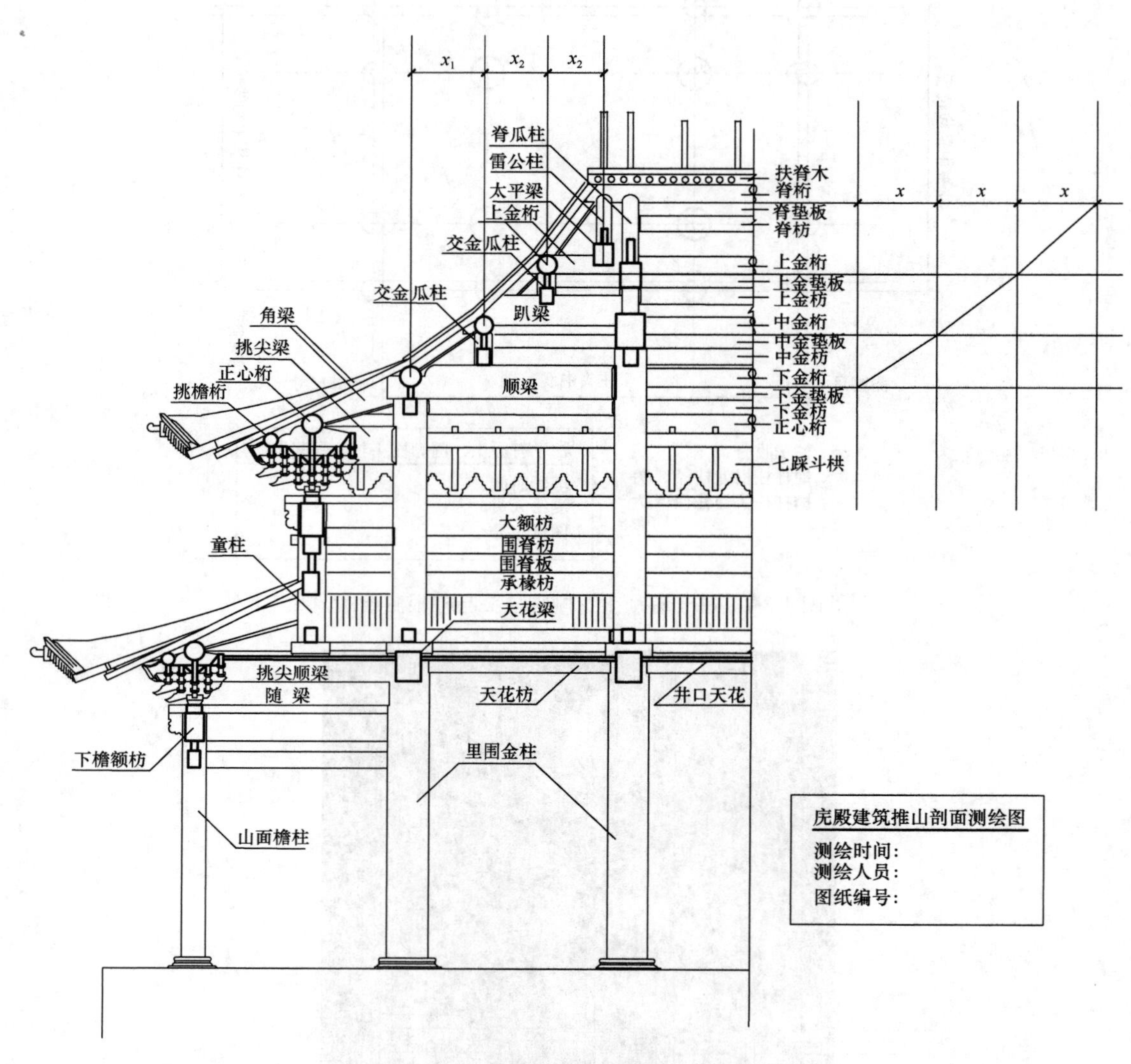

图 4-3-9　庑殿建筑推山剖面测绘图

（测量庑殿建筑时除测量构件尺寸外，重要的是要现场测准步架、举架尺寸及推山尺寸。现场可勾画单线条图标注推山尺寸）

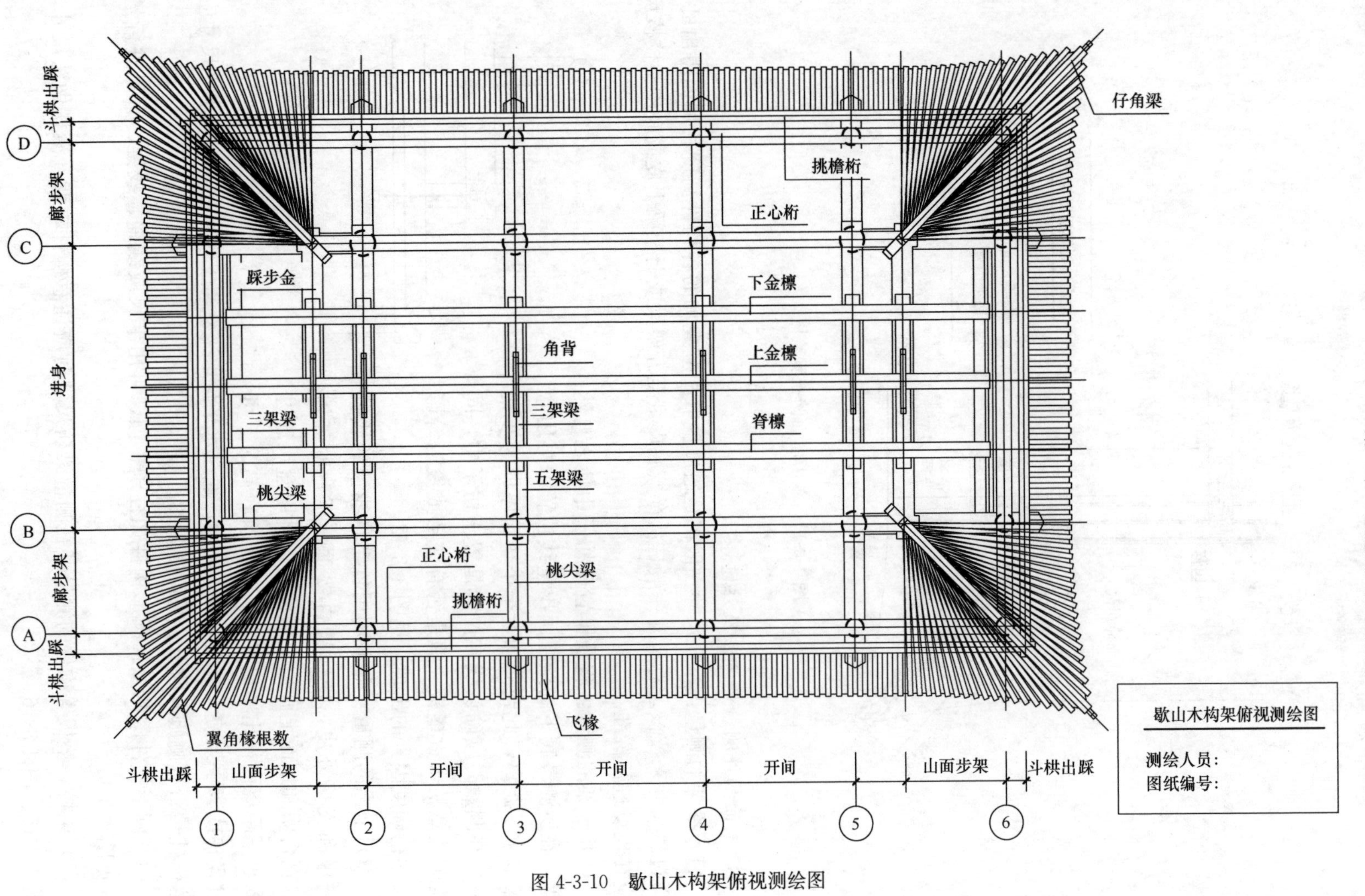

图 4-3-10　歇山木构架俯视测绘图

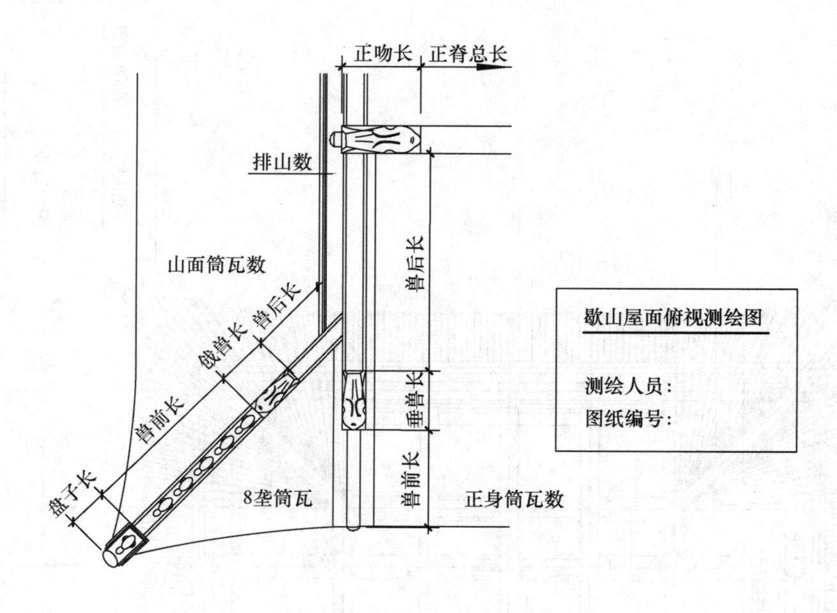

图 4-3-11　歇山屋面俯视测绘图

3. 剖面构件测绘的方法及注意事项

（1）举架的测量：举架尺寸一般都是通过量取相应叠加的各构件高度相加而得出的，再通过总尺寸来校核。总尺寸一般是从脊檩底皮量至五架梁或七架梁上皮或底皮。校核尺寸应在现场进行核准。

（2）步架的测量：将线锥置于枋子中使之自然垂落，在所测最底下的梁上画出垂线位置，再用盒尺量取水平距离，此距离加上半个垫板厚即为步架尺寸。在测量时应确认线锥位置是置于枋子中，同时也要注意枋子、垫板、檩是否有变形或滚闪等影响尺寸精确度因素的出现。见图 4-3-12。

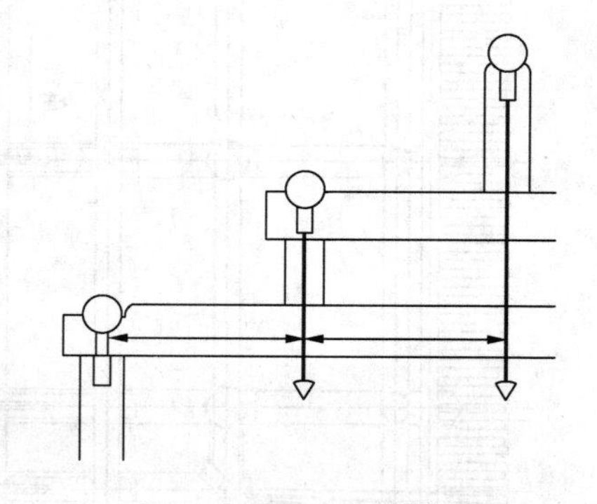

图 4-3-12　步架的测量方法示意图

（3）上出的测量：一般利用竹竿将线锥的线置于檐椽和飞椽外皮，使线锥自然垂落至台明和地面，在台明和地面上画出垂落位置，再用盒尺通过量取水平距离而得出上出尺寸。当建筑较高时，可通过爬梯或脚手架使人员至于椽子高度，通过水平量取来获得上出尺寸，但此水平尺寸应注意檐柱是否有侧脚及收分。见图 4-3-13。

（4）圆形构件的测量：圆形构件如柱子、檩，可用卡尺或线绳、线锥、直尺进行量取。见图 4-3-14。

（5）梁枋、垫板等构件的测量：在测量梁枋尺寸时应注意构件雄背、滚楞做法尺寸。见图 4-3-15、图 4-3-16。

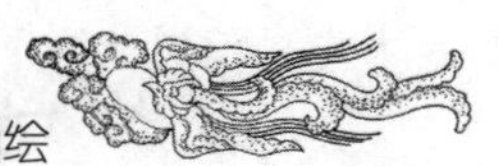

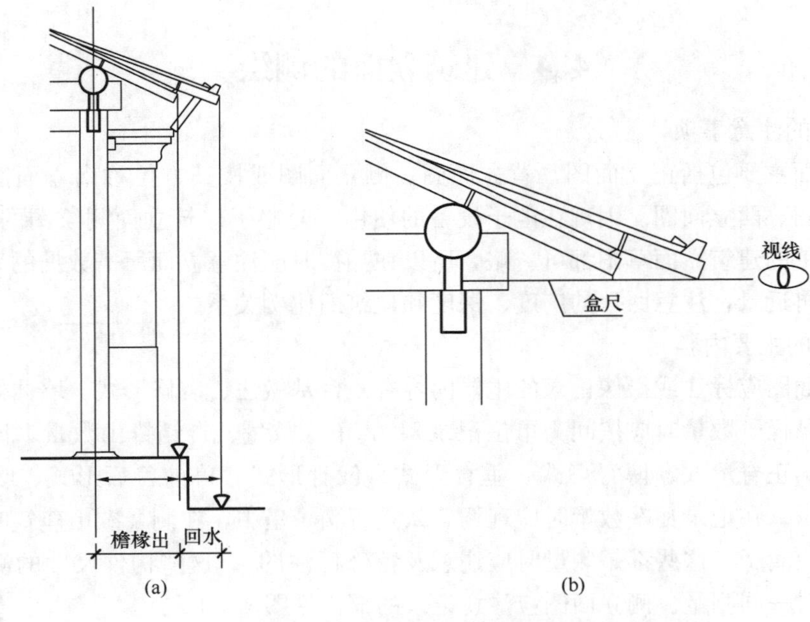

图 4-3-13　上出的测量方法示意图

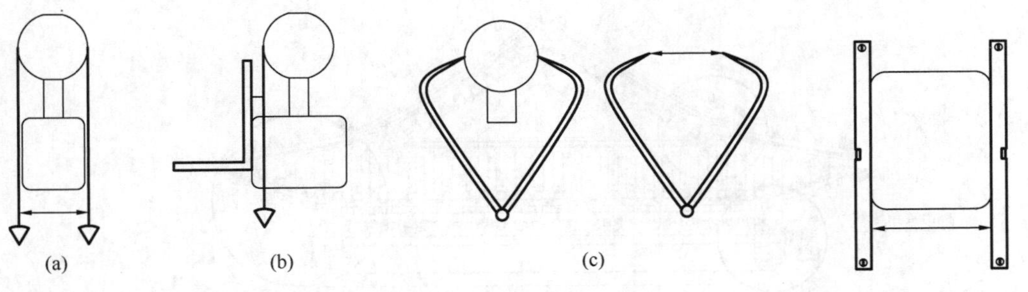

图 4-3-14　圆形构件的测量方法示意图

（a）线锥则量；（b）直尺测量；（c）卡尺测量

图 4-3-15　梁枋、垫板等构件的测量方法示意图

图 4-3-16　梁枋现场测量

4.4 建筑立面的测绘

1. 测绘的注意事项

建筑立面主要包括正立面图、背立面图、侧立面图或按其方位称南立面图、北立面图、东立面图、西立面图。因现在电子设备的使用，简略了建筑立面测绘图的绘制深度，甚至有些简单的建筑立面草图都可省略，所以在拍摄时应注意立面所需数据的采集。拍摄时应先远景再近景，注意照片的广度、深度和建筑的比例关系。

2. 测绘的主要内容

建筑立面图应标注或摄像记录的主要内容有：台基做法、装修形式、墙体做法、椽子数量（在记录椽子数量时应按间为单位记录）、翼角椽数量、铃铛排山数量、博缝、山花花饰、象眼、正脊形式、博脊形式、垂脊形式、戗脊形式、兽前兽后形式、吻兽小跑形式、瓦垄数量（在记录瓦垄数量时应现场确认是否滴子坐中，在测量歇山建筑时应注意垂脊下是否对应滴子，这些都是测量时应注意及特殊标注的）。这些构件尺寸的测量可在测剖面或详图时一同测量。侧立面图应注意记录的部位见图 4-4-1。

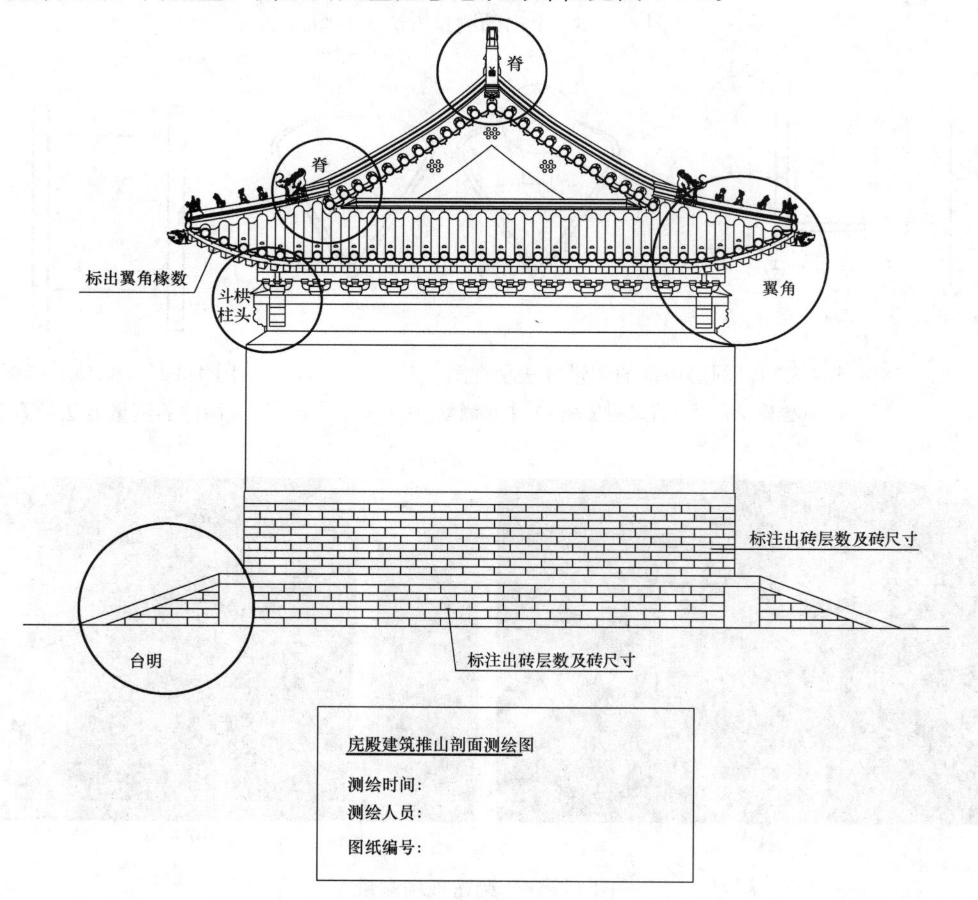

图 4-4-1　侧立面图应标注及放大记录的部位

4.5　节点详图的测绘

节点详图一般是为了更加详细、清楚地标注建筑某一交接点或重要构造部位而放大比例绘制的图纸。有些详图是在绘制平、立、剖面测绘图时一同绘制，引出标注的；有些详图是单独绘制的。古建测绘中主要详图有：盘头（梢子）、脊件、冰盘檐、雀替、门窗（室内、室外）、坐凳、倒挂楣子、栏杆、栏板、须弥座、台基、斗栱、天花、角楼等需要特殊标注或需要放大交代的部位。

节点详图的测绘要求更加精准、细致，节点交代要更加清楚、明确。小尺寸与大尺寸应随测随校核，避免绘图时出现较大误差。

（1）盘头、冰盘檐：盘头、冰盘檐详图测绘也可放在剖面测绘图的旁边。盘头、冰盘檐的形式种类较多，各个地区有各自的特色做法，测绘时应注意构件的细部做法、雕刻的花饰、材质等。见图 4-5-1～图 4-5-3。

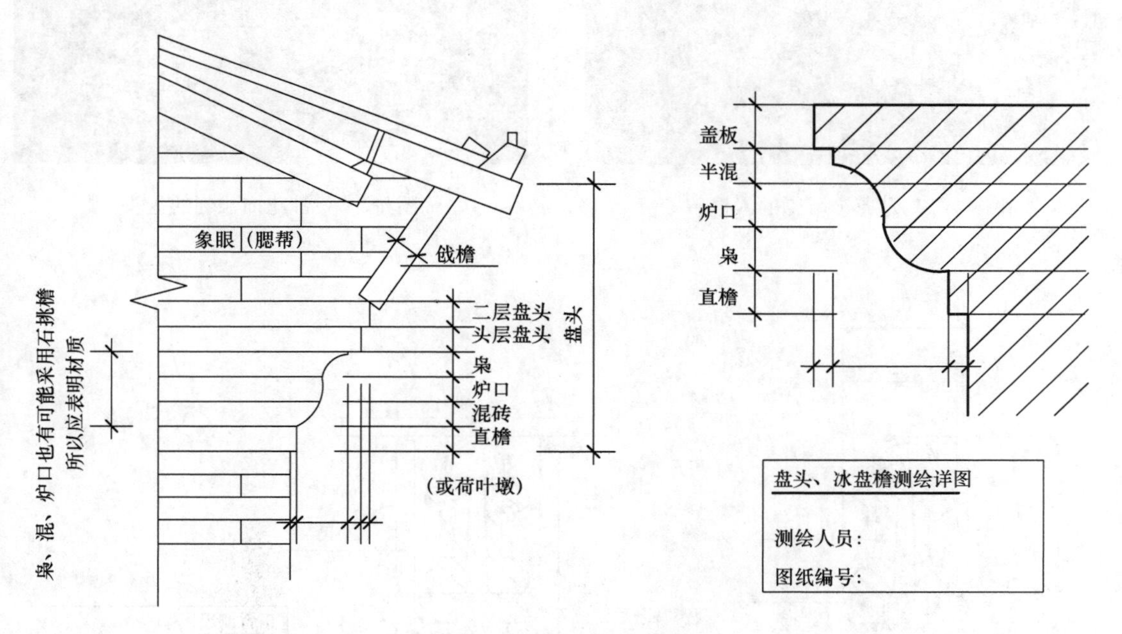

图 4-5-1　盘头测绘内容

（2）脊件：测绘时应对正脊、垂脊、围脊、戗脊（兽前、兽后）等分部位、分件进行测量，同时对吻兽的大小形式进行测量。见图 4-5-4～图 4-5-6。

（3）雀替、花板等雕刻构件：对于雕刻构件的测量，主要测出构件的大框尺寸，细部雕刻花饰尽量以正投影的拍摄角度进行拍照取样。见图 4-5-7。

（4）内外檐木装修：在测量内外檐木装修时，应注意缝隙和木构件变形的尺寸。同时测绘时所有五金件（面页、挺钩、合页、碰铁、兜绊、插销等）也应一并进行测量。见图 4-5-8～图 4-5-10。

图 4-5-2　带花饰雕刻的戗檐砖

图 4-5-3　带花饰雕刻的盘头

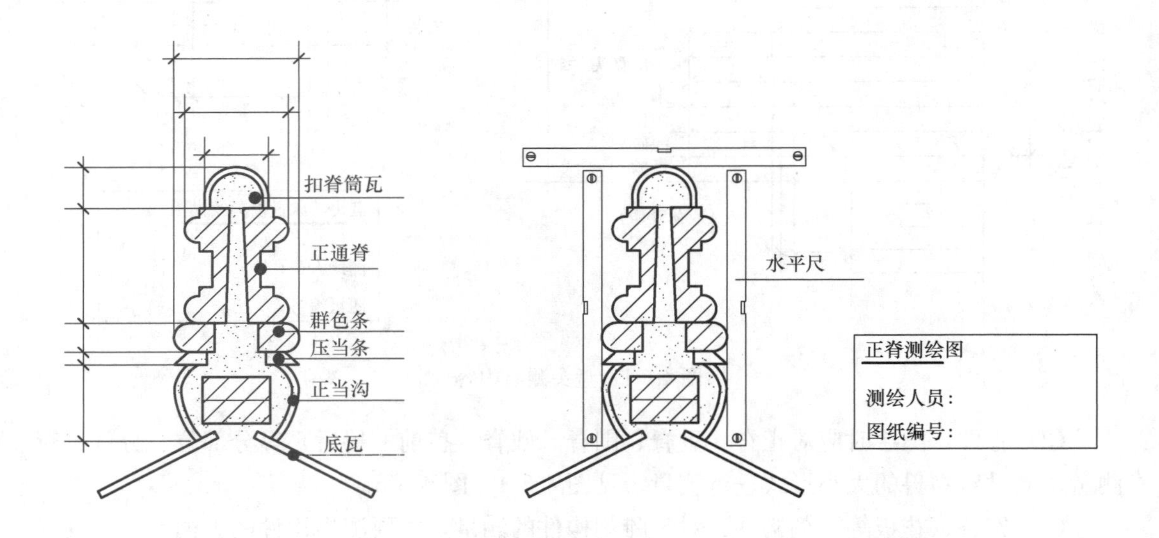

图 4-5-4　正脊剖面测绘图及测量方法示意图
（测量脊兽时可利用水平尺、卡尺、盒尺等工具）

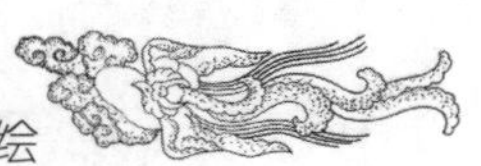

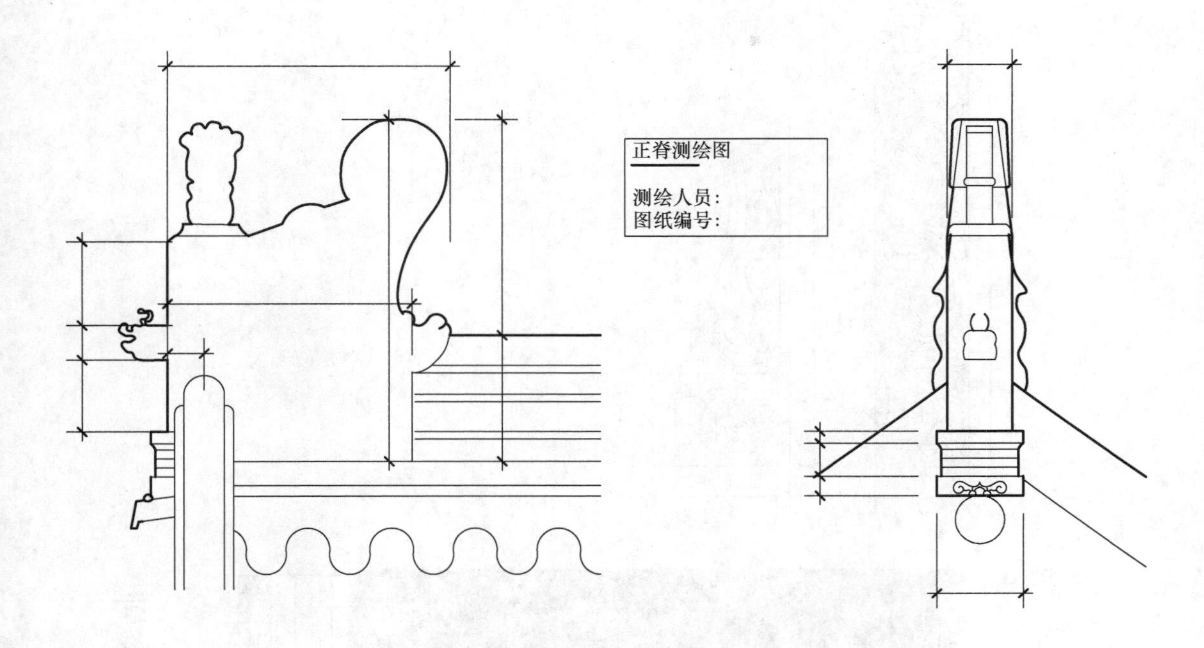

图 4-5-5　正吻测量图

图 4-5-6　吻正脊

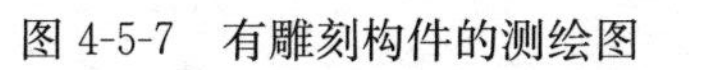

图 4-5-7　有雕刻构件的测绘图

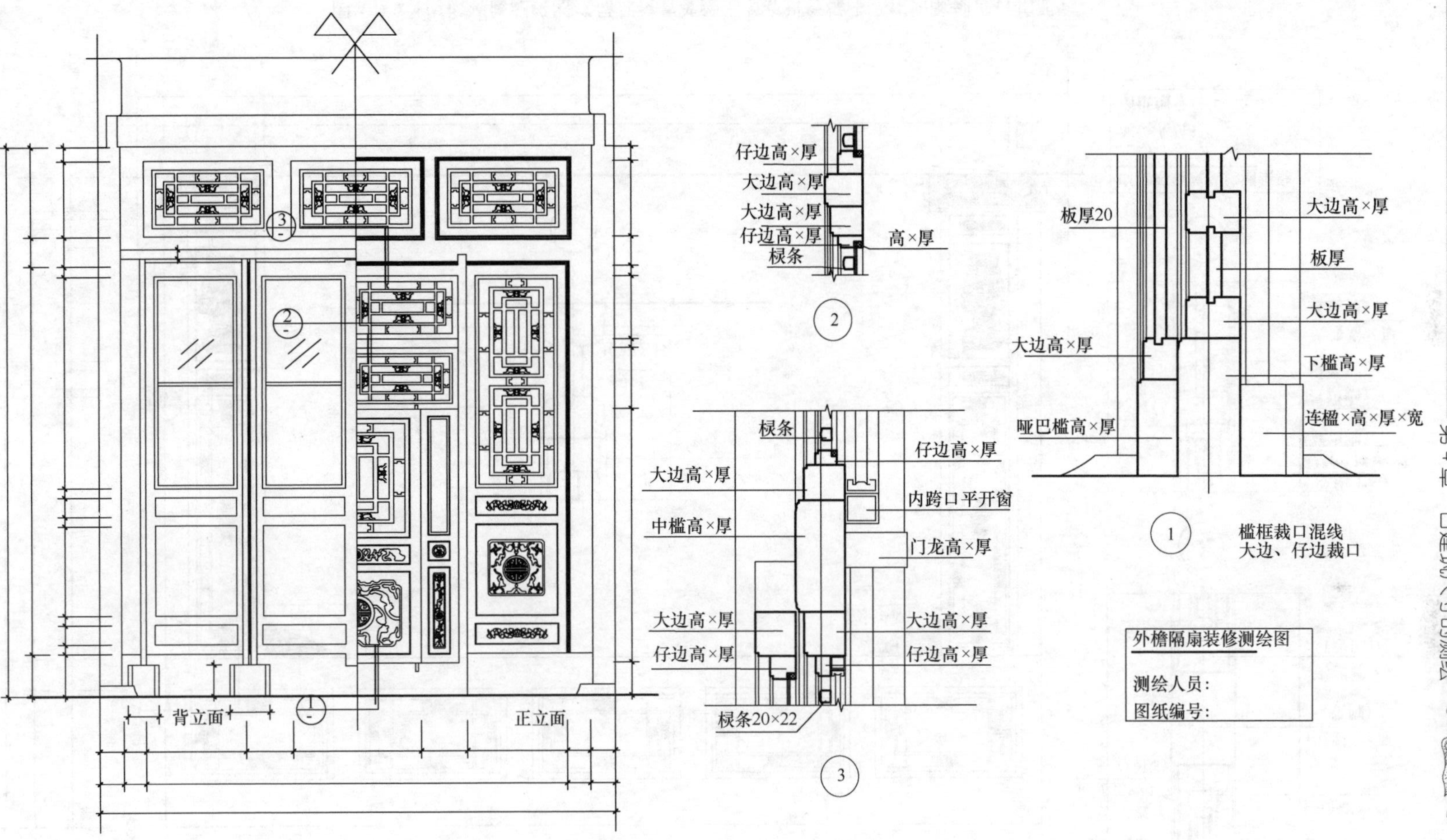

图 4-5-8　隔扇测绘图（构件节点要进行标注，标出每一个构件的尺寸及裁口，满足制作要求）

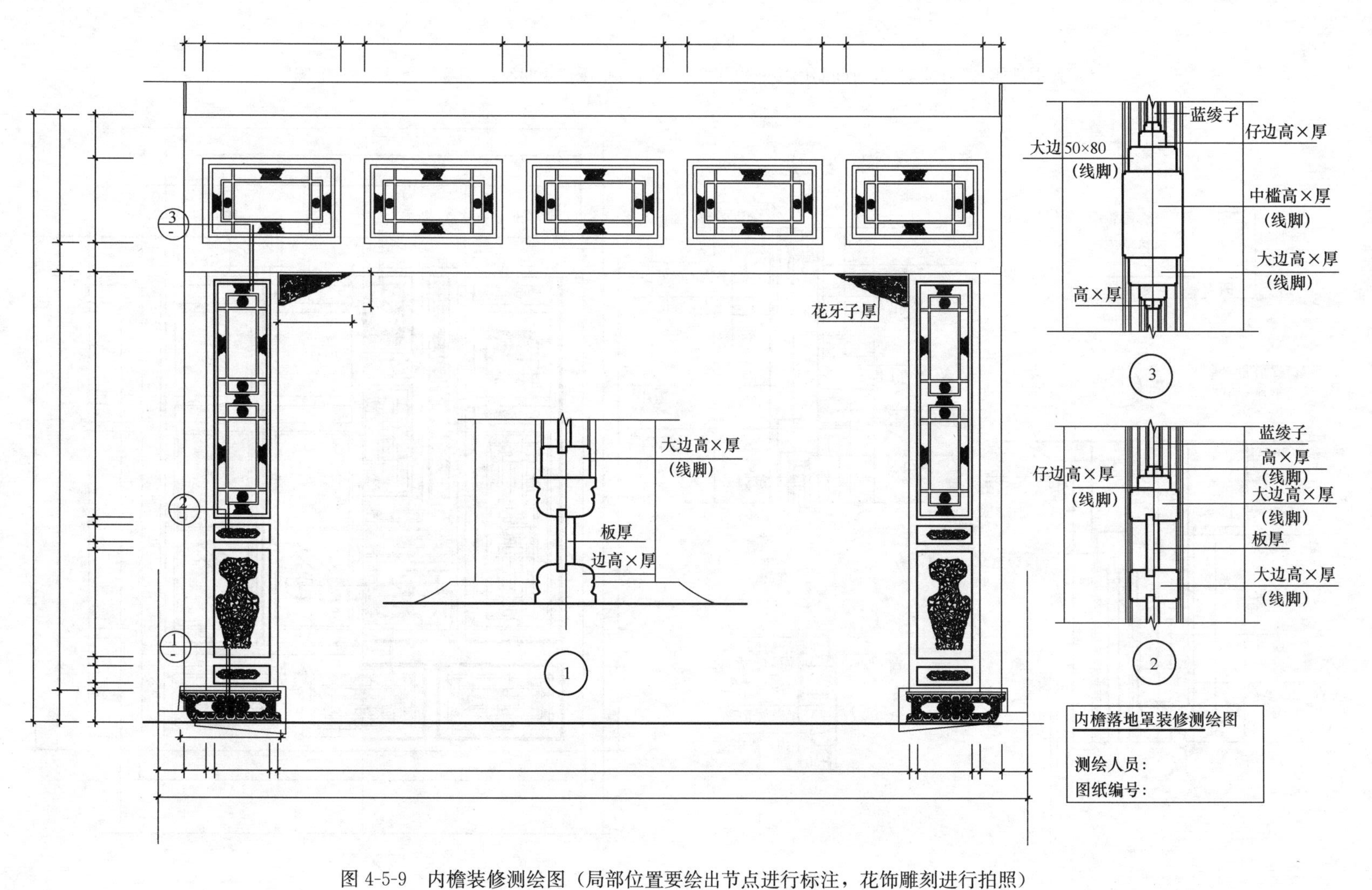

图 4-5-9　内檐装修测绘图（局部位置要绘出节点进行标注，花饰雕刻进行拍照）

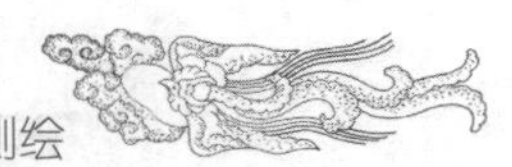

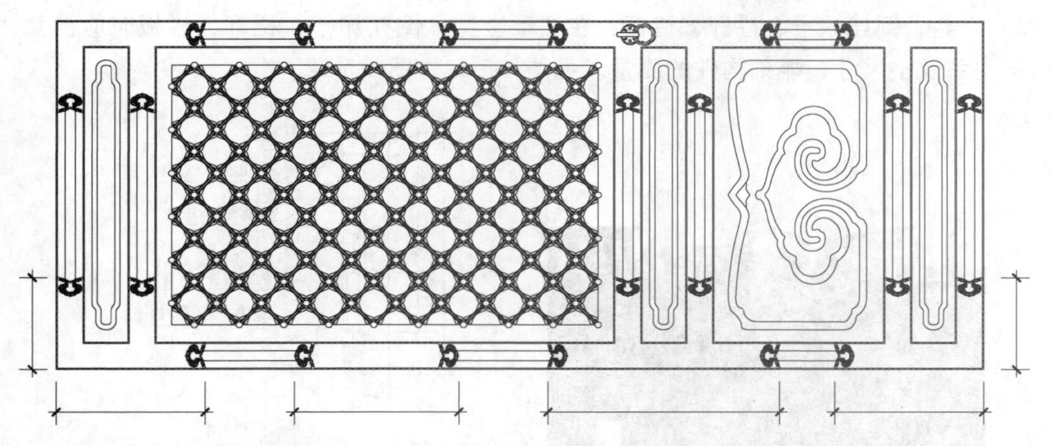

图 4-5-10　装修面页测绘图（测绘时标注面页的材质、花纹及用料厚度）

（5）坐凳、倒挂楣子、栏杆、栏板：在测量坐凳、倒挂楣子、栏杆、栏板时应注意构件细部关系及小尺寸、雕刻构件的测量。见图 4-5-11、图 4-5-12。

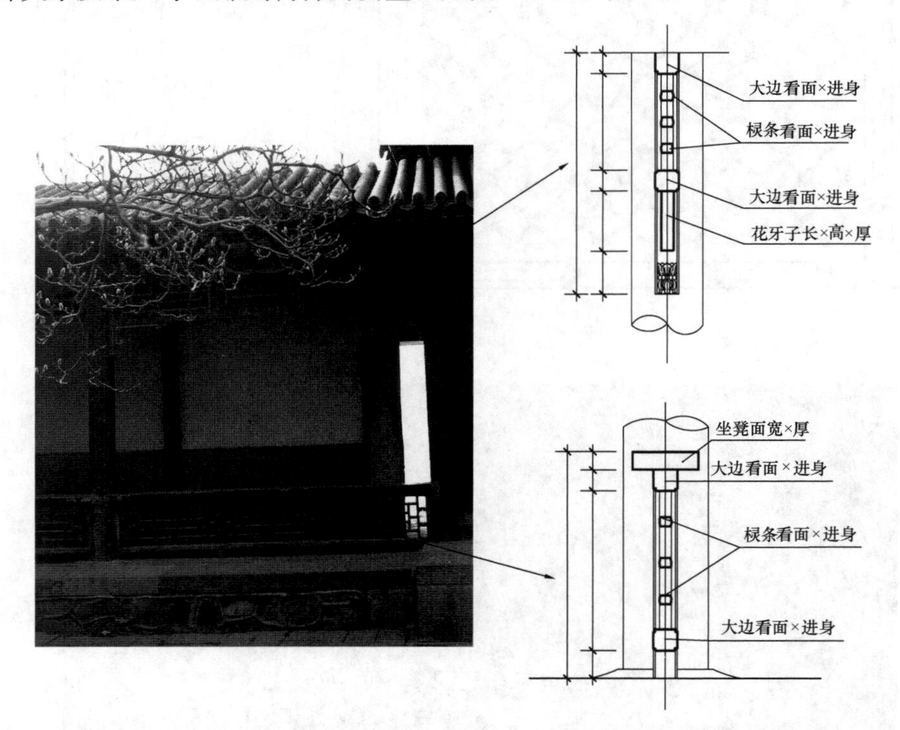

图 4-5-11　坐凳、倒挂楣子测绘图（测绘时立面可采用摄像来记录，节点尺寸及构件相互关系应勾画剖面图记录）

（6）须弥座、台基：须弥座有石材的、琉璃的、木质的，有素的、有雕刻的，有很多种形式及材质，台基也分为石材砌、砖砌。在测量不同材质、不同做法时应注意各自的特点。见图 4-5-13。图 4-5-14。

（7）斗栱、天花：在斗栱测量时，应根据测绘深度、测量目的采取不同的测量方法。如果斗栱做法常规、保存较好，只作为一般存档记录，测量时可只测量斗口、材高、拽架、栱长等几个大尺寸。见图 4-5-15。如果斗栱做法特殊、破损严重，需要拆卸整修或复原，属特殊案例需要进行分析研究时，斗栱测量不但要测量以上几个大尺寸，同时也应分件进行测量。斗栱测量时应以毫米为单位，测量值精确到毫米。斗栱构件较为复杂、名称较多，测量斗栱前应在业内熟悉斗栱构造及名称，测绘时才可得心应手、标注清晰。斗栱分件名称及构造可通过《中国古建筑木作营造技术》及《清式营造则例》等书进行学习。

需要分件测量斗栱时，不但要勾画图 4-5-15 来记录数据，还应勾画分件图或斗栱尺寸表来记录细部尺寸。测量时平身科、柱头科、角科可分别选取一组变形较小的进行测量，测量后其他攒应进行大尺寸及局部构件校核。测绘时应 2～3 人配合，利用铅坠、盒尺、直尺等工具进行测量，见表 4-5-1，见图 4-5-16～图 4-5-19。

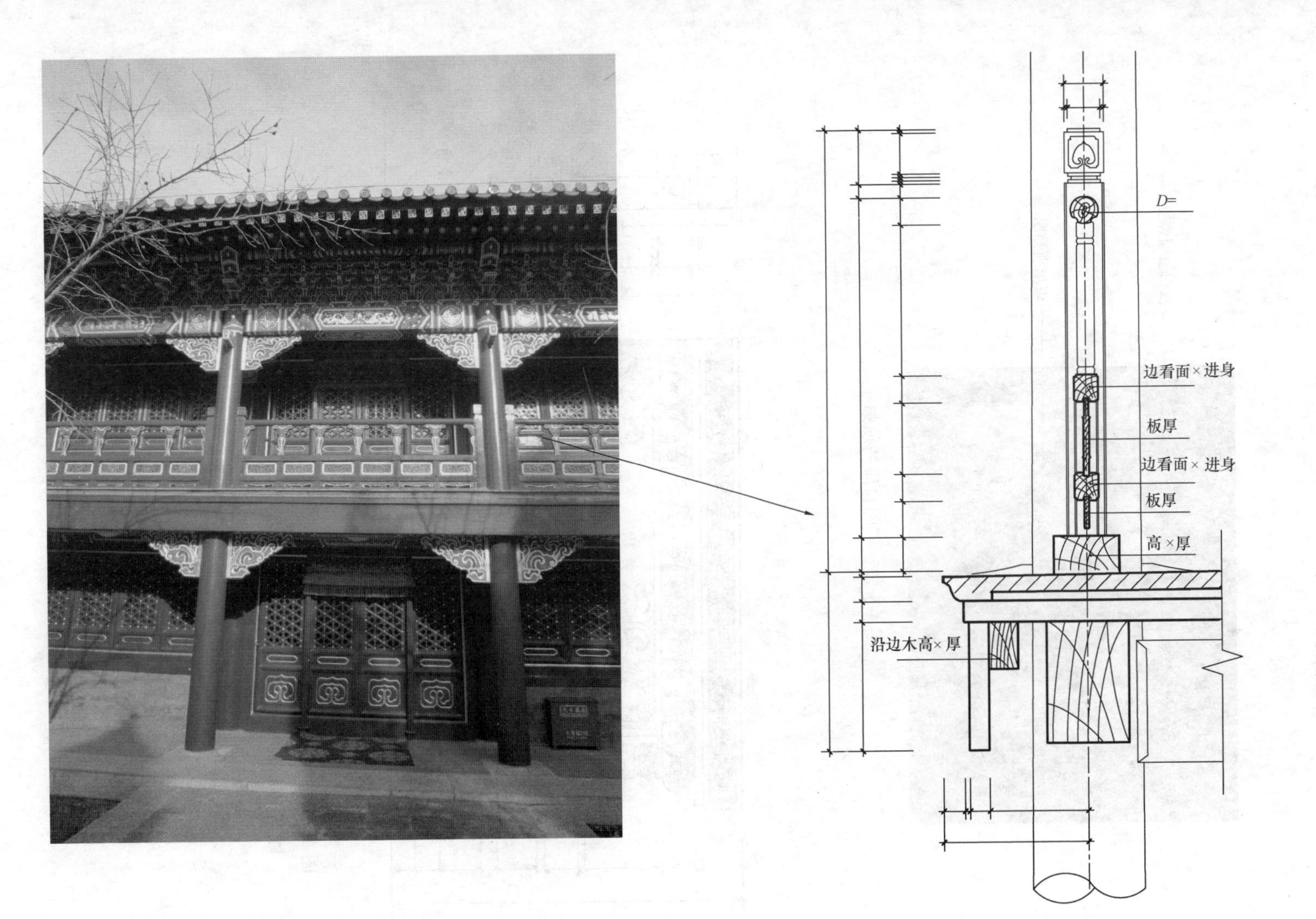

图 4-5-12　栏杆栏板及挂檐节点测绘图（构件节点要交代清楚，尺寸要标注齐全）

图 4-5-13　不同材质的须弥座

图 4-5-14　须弥座测绘图（可利用水平尺和直尺来测量须弥座各部位的小尺寸，雕刻花饰部分可利用正投影摄像来记录，可直接绘制右侧剖面图进行记录，在测量时应标明须弥座材质）

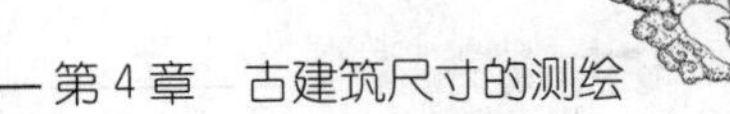

表 4-5-1 斗栱测绘构件尺寸表

斗栱类别	构件名称	长（mm）	宽（mm）	高（mm）	厚（mm）	径（mm）
平身科斗栱斗口	大坐斗					
	单翘					
	正心瓜栱					
	正心万栱					
	头昂					
	耍头					
	撑头木					
	单材瓜栱					
	单材万栱					
	厢栱					
	十八斗					
	三才升					
	槽升					
相连构件	棋枋					
	正心枋					
	拽枋					
	井口枋					
	桃尖梁					
	正心桁					
	挑檐桁					
	垫栱板					
角科斗栱	大坐斗					
	单翘					
	单昂					
	十八斗					
角科斗栱	大坐斗					
	斜头翘					
	搭接正头翘后带正心瓜栱					
	正搭接正头翘后带心万栱					
	斜头昂					
	由昂					
	由昂后带六分头					
	斜头昂后带菊花头					
	里连头合角厢栱					
	搭交把臂厢栱					
	搭交正耍头带单材万栱					
	搭交正头昂后带单材瓜栱					
	搭交正耍头带正心枋					
	斜撑头木					
	宝瓶					

注：本表格以五踩单昂单翘为例制作，表格内容可根据斗栱构件增加而调整。

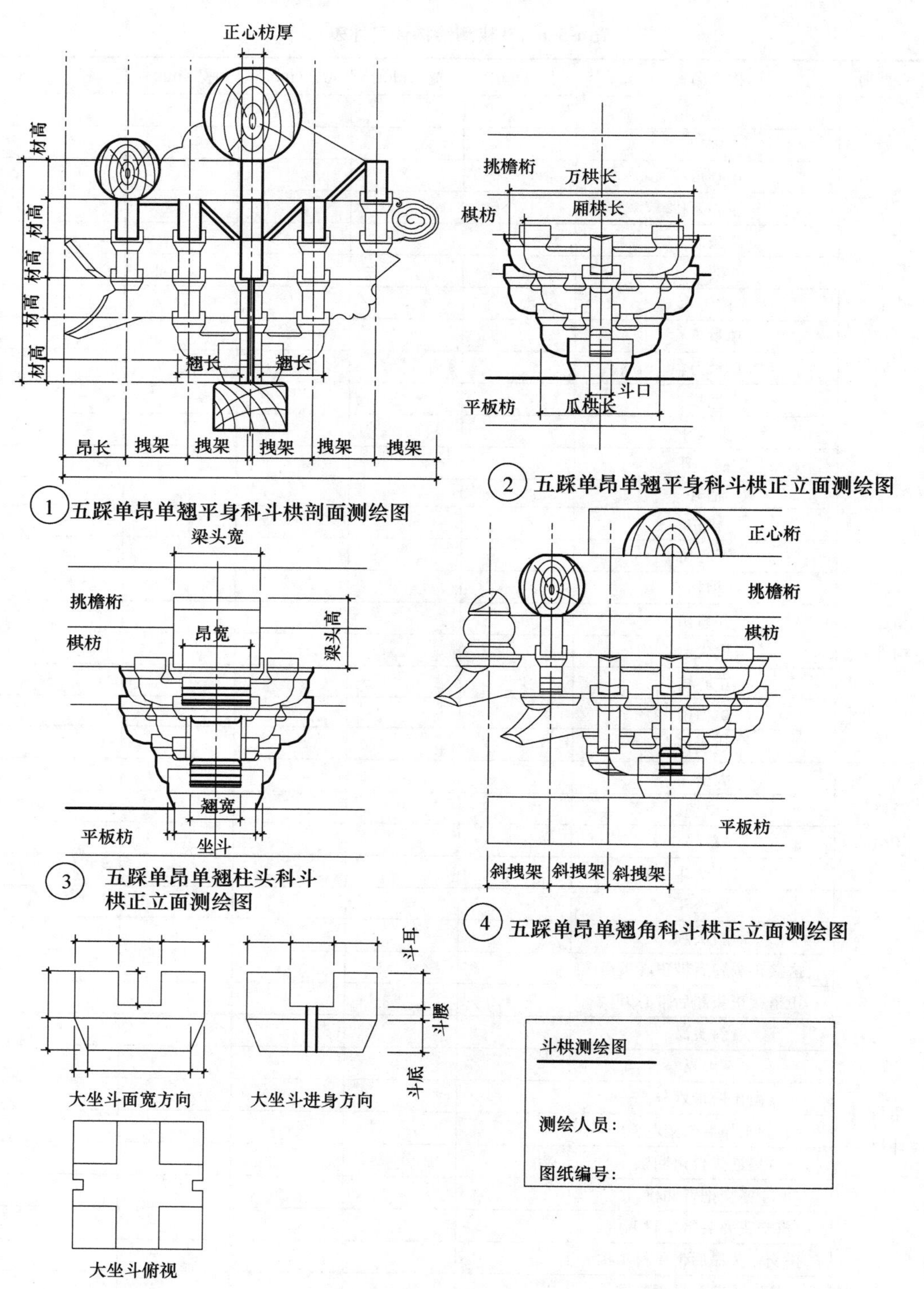

图 4-5-15　一般测量需要时斗栱测绘图（主要测量斗口、拽架、材高、栱长、坐斗、柱头科坐斗看面尺寸、柱头科昂宽、柱头科翘宽、角科斜长，在测量角科时也可以画仰视图来标注挑出拽架。斗栱测量时数据可分段累加，但应现场校核）

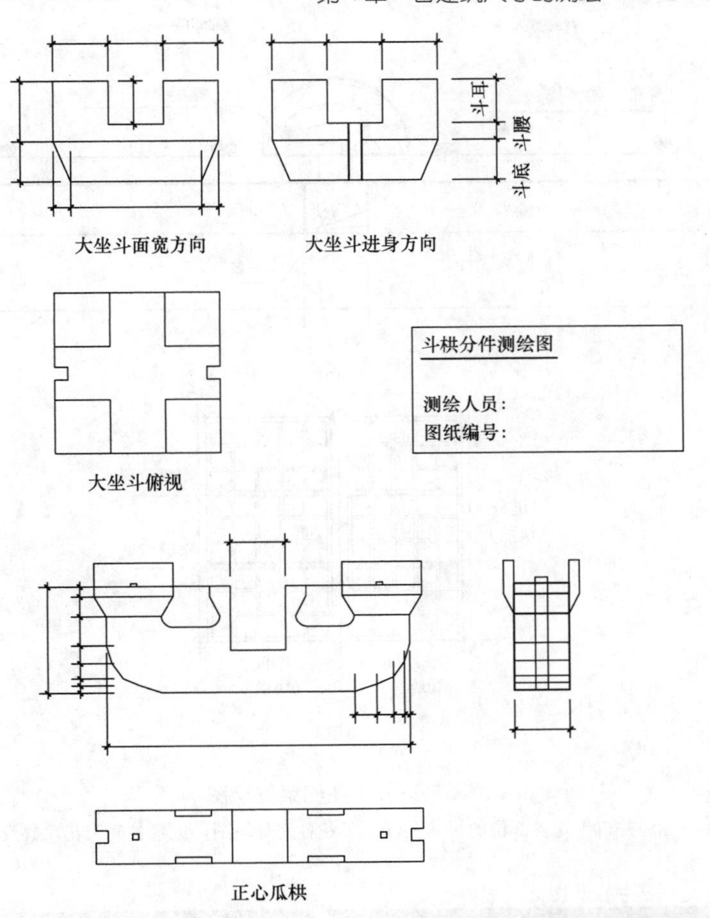

图 4-5-16 斗栱分件测绘图（本图仅以坐斗及正心瓜栱为例勾画的测绘图，实际测量时应勾画所有构件的分件测绘图）

图 4-5-17 测绘人员在脚手架上现场绘制斗栱测绘草图

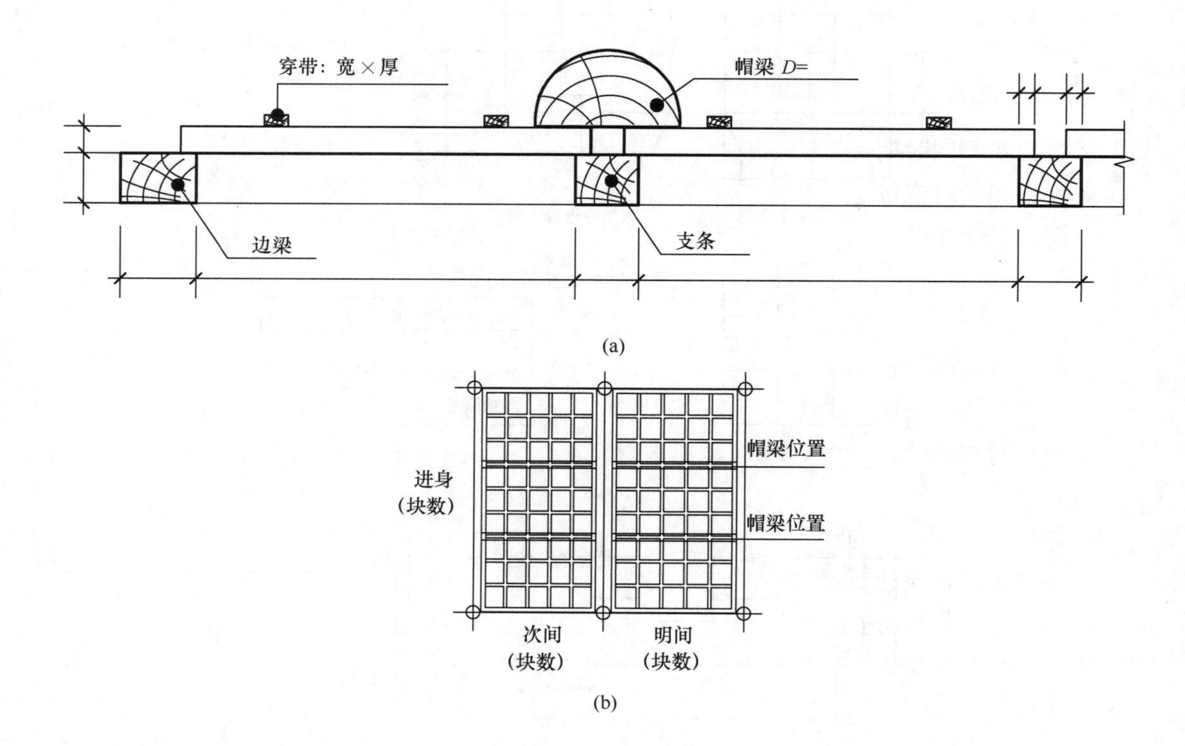

图 4-5-18　天花帽梁测绘图

（a）节点图标注井口天花各部位的尺寸；（b）天花各间分块图，记录各间天花块数及帽梁位置

图 4-5-19　井口天花

4.6　油饰地仗彩画的测绘

古建筑不同时期、不同功能要求、不同部位所采用的油饰地仗彩画做法各不相同，所以我们在测绘时应按工种、部位记录其做法。油饰地仗测绘可列表记录，彩画测绘要表格与草图、摄像相结合。

（1）油饰测绘：记录各个部位油饰做法。油饰常见做法有铁红光油、二珠光油、绿光油、黑光油、棕光油等。见表4-6-1。

（2）地仗测绘：记录各个部位的地仗做法及地仗厚度。地仗常见做法有三道灰、四道灰、一麻五灰、一麻一步六灰等。见表4-6-1。

（3）彩画测绘：古建筑彩画形式等级多样，常见有和玺彩画、旋子彩画、苏式彩画等，不同形式彩画又有多种等级，有金线的、有黄线的、有墨线的，所以彩画测绘通常分两步进行测量。

第一步，记录建筑构件所绘制的彩画形式、等级。

第二步，量取彩画数据及图样，应按建筑构件量取。方法一：草图测绘，首先勾出构件彩画五大线的位置尺寸，并注明所绘制的内容及颜色，图案拍摄正投影照片做以补充，本方法多用于辅助绘制CAD图。方法二：拓样测绘，此方法主要用于施工或研究存档，现多由专业人士进行操作，一般可在施工前进行。

表4-6-1　油饰地仗测绘表

序号	部位名称		油饰做法	地仗做法及厚度	备注（√为有彩画的标出彩画做法）
1	连檐瓦口				
2	椽望				
3	椽头				√
4	上架大木				
5	柱子、槛框				
6	外檐木装修	边抹			
		棂条心屉			
7	内檐木装修	边框			
		棂条心屉			
8	坐凳、倒挂楣子	边、面			
		棂条			
9	栏杆栏				
10	栏板				
11	雀替				√
12	斗栱、垫栱板				√

注：表格内容可根据各建筑构件实际情况增减。局部构件油饰地仗的厚度可根据工程需要一并写入表中。

图 4-6-1　墨线小点金旋子彩画

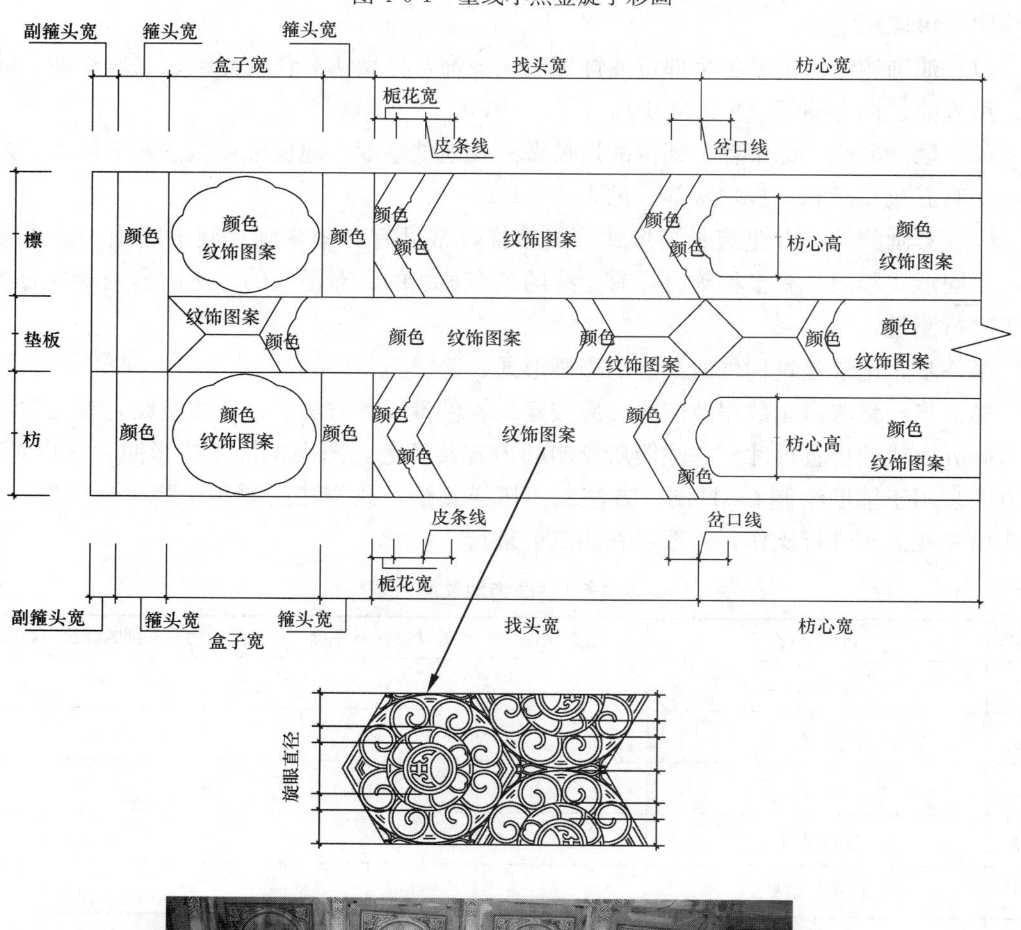

图 4-6-2　旋子彩画测绘

(a) 配殿明间旋子彩画测绘图；(b) 现场测量木方心长

旋子彩画——旋子彩画是最为常见用处最广的一种彩画形式（图 4-6-1），清式旋子彩画就可分为八个等级，所以我们在测绘时应先标出彩画形式及等级。其次也要标明：所测建筑名称、开间或进身具体位置；檩和枋子箍头的颜色；盒子、找头、枋心的纹饰；找头旋花的路数、花瓣数；旋眼直径、各路花瓣宽度等；具体内容见图 4-6-2。测绘在拍摄影像资料时应先注明拍摄位置，再按整体到局部进行拍摄（即依次顺序为整体建筑、整间、半开间、局部纹饰）。拍摄纹饰时采用正投影拍摄。

和玺彩画——和玺彩画多用于皇家等级较高的殿宇建筑上（图 4-6-3）。在测绘时应注意标明：所测殿座名称、开间或进身具体位置；檩和枋子箍头、找头、枋心的颜色；注意盒子纹饰；注意斗栱各部分颜色；具体内容见图 4-6-4。测绘在拍摄影像资料时应先注明拍摄位置，再按整体到局部进行拍摄（即依次顺序为整体建筑、整间、半开间、局部纹饰）。拍摄纹饰时采用正投影拍摄。

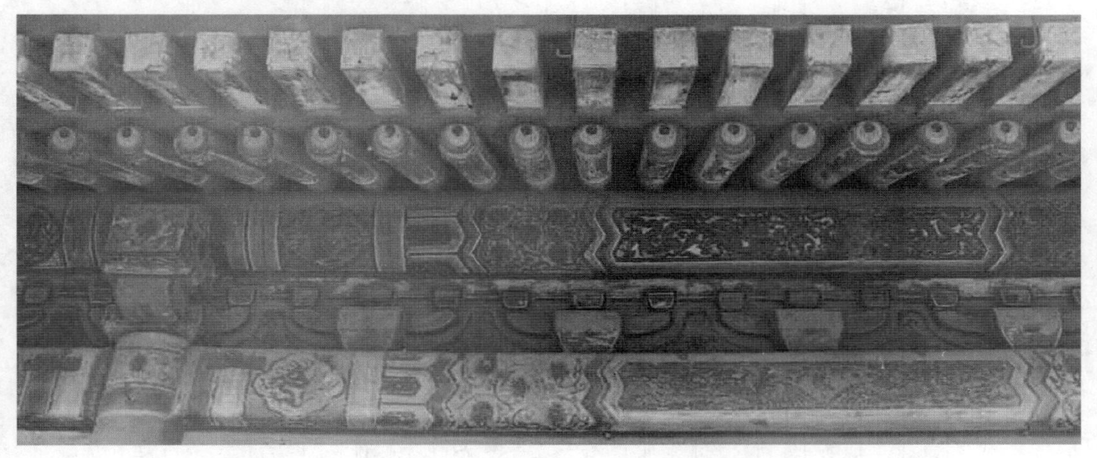

图 4-6-3　清式和玺彩画

苏式彩画——苏式彩画多用于园林建筑上（图 4-6-5）。在测绘时应注意标明：所测建筑名称、开间或进身具体位置；檩和枋子箍头、找头的颜色；烟云托子、烟云筒的颜色及数量；退晕道数等；具体内容见图 4-6-6。测绘在拍摄影像资料时应先注明拍摄位置，再按整体到局部进行拍摄（即依次顺序为整体建筑、整间、半开间、局部纹饰）。拍摄纹饰时采用正投影拍摄。

以上例子为清式北方彩画三种基本形式的测绘，在测绘工作中不免会遇到不同时期、不同地域特色的彩画，这就需要掌握草图测绘基本方法以一举三，客观、准确地记录相关数据。见表 4-6-2、表 4-6-3。

表 4-6-2　和玺彩画、旋子彩画测绘表

序号	位置	副箍头（宽度、颜色）	箍头（宽度、颜色）	盒子（宽度、颜色、纹饰）	找头（宽度、颜色、纹饰）	枋子（宽度、颜色、纹饰）
1	明间外檐檩					
2	明间外檐枋					
3	次间外檐檩					
4	次间外檐枋					

注：本表可根据测绘实际情况增减。如遇旋子彩画测绘时应在表头注明旋子彩画等级。

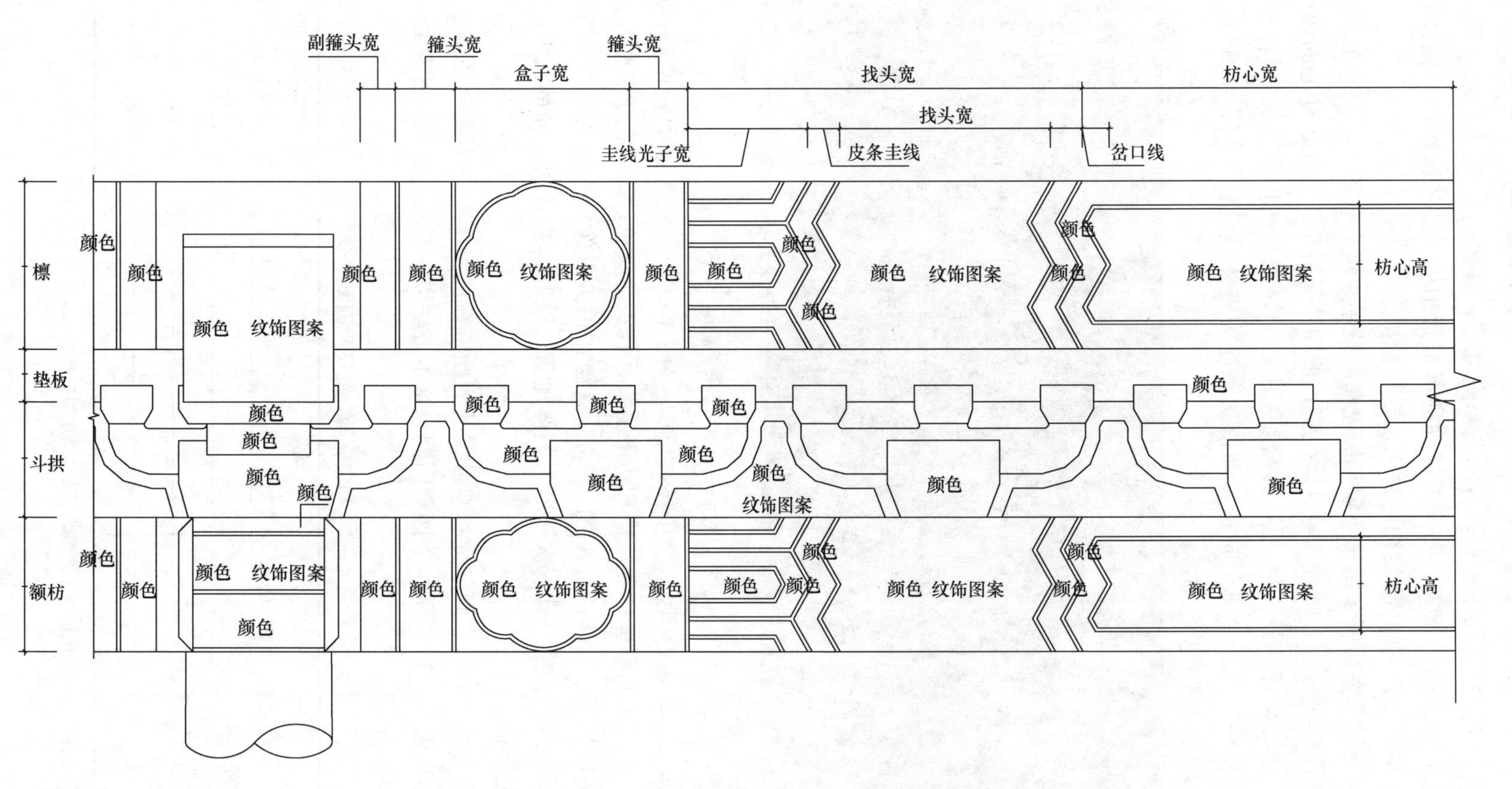

图 4-6-4　正殿前檐明间清式和玺彩画测绘图

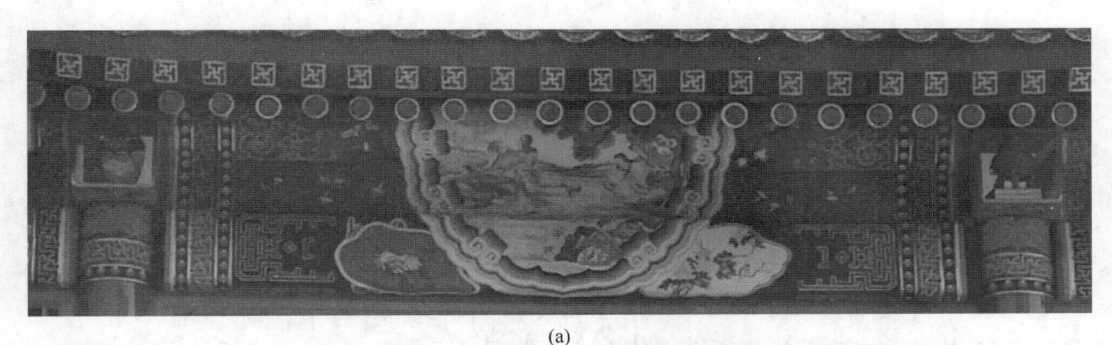

(a)

(b)

图 4-6-5　苏式彩画

（a）檩垫枋外檐苏式彩画；（b）五架梁及随梁苏式彩画

表 4-6-3　苏式彩画测绘表

序号	位置	箍头（宽度、颜色、纹饰）	找头（宽度、颜色、纹饰）	包袱托子（宽度、颜色、个数）	包袱烟云筒（宽度、颜色、个数）	包袱（宽度、纹饰）
1	明间外檐檩					
2	明间外檐枋					
3	次间外檐檩					
4	次间外檐枋					

注：本表可根据测绘实际情况增减。

拓样测绘方法主要用于施工或研究存档。现多由专业人士进行操作，一般在彩画修缮施工前进行，因为拓样时需要与构件处于同一高度。将宣纸附于构件彩画图案上，再利用黑炭做的粉包将图案拓在宣纸上，拓完后取下立刻与现场核对，不清楚位置现场补画，这样拓下的图案纹饰及比例均与原构件一致。此拓样可作为存档、修缮设计的依据。见图 4-6-7、图 4-6-8。

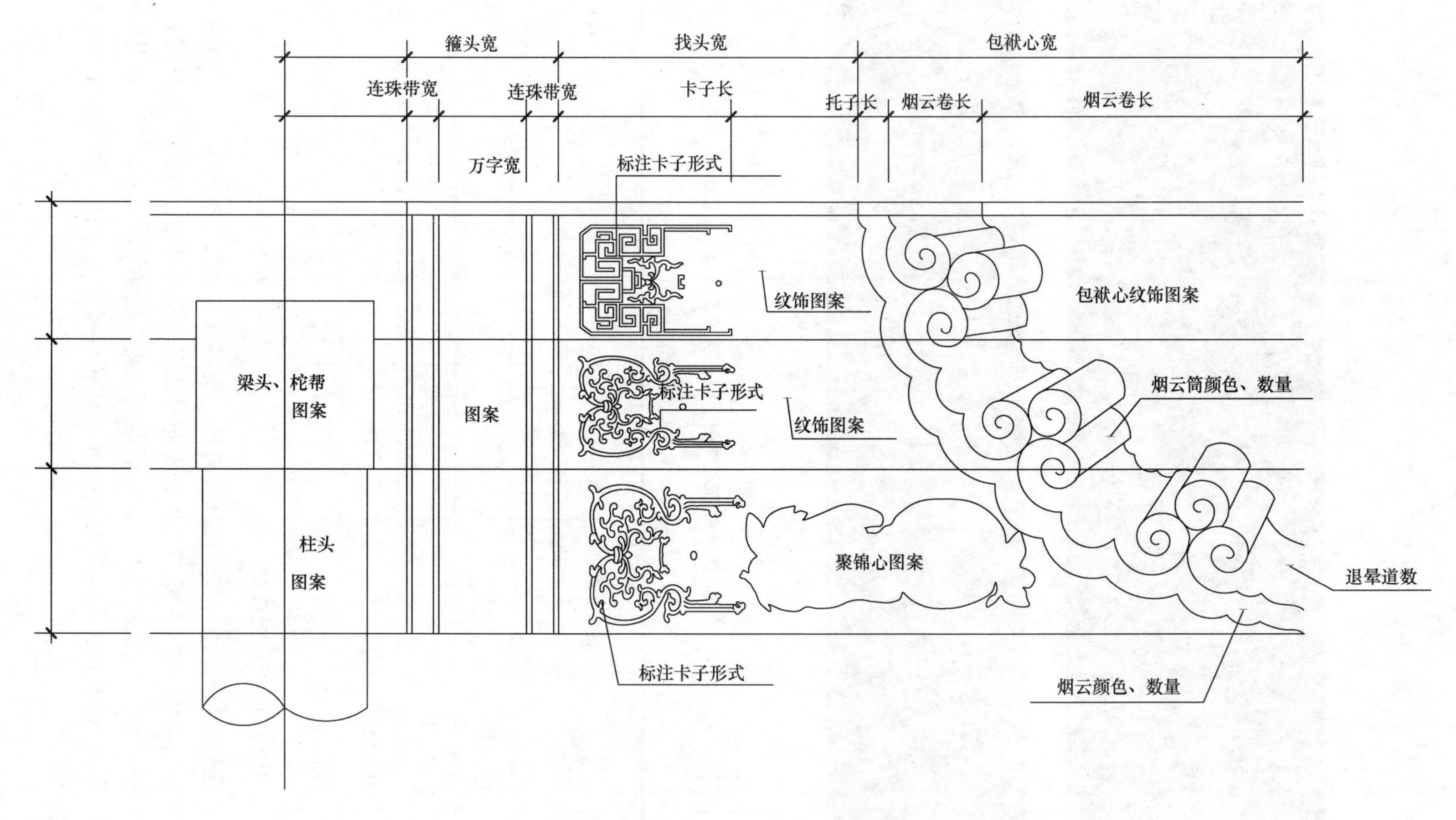

图 4-6-6　四角亭明间苏式彩画测绘图

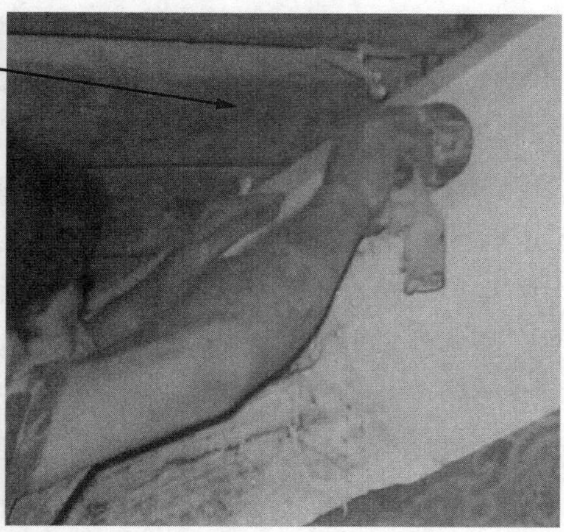

图 4-6-7　现场彩画拓样

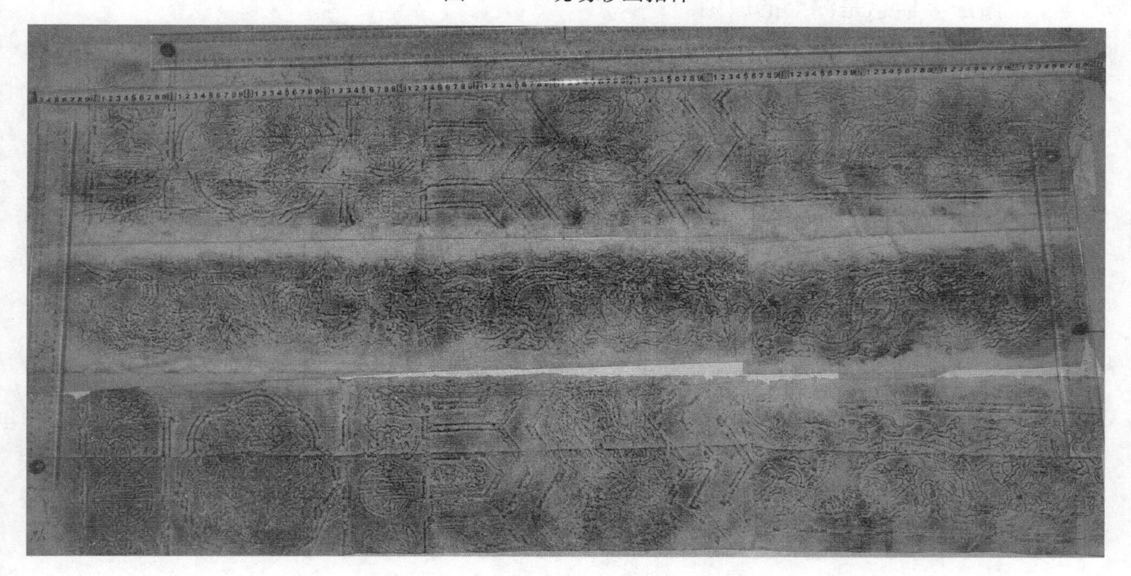

图 4-6-8　外檐檩垫枋彩画拓样

4.7　尺寸测绘技术要求及注意事项

（1）测量有油饰地仗的木构件时，应减去木构件油饰地仗及灰皮的厚度。

（2）测量柱径时，大式建筑柱子有收分，测柱径时柱根和柱头应分别测量记录。测量唐宋建筑时注意柱子、椽子的卷刹。

（3）测量有滚楞的构件时，应用卡尺或 90 度直尺。测量大梁时要注意雄背尺寸，如果现场条件限制无法测量梁身尺寸，也可通过测量梁头按则例推断梁身高度。见图 4-3-4。

（4）测量檩径时，应注意檩的做法，多数建筑在檩的上下面都做金盘，所以在测量檩时注意檩径测量的位置。见图 4-3-14。

（5）测量上出时，外侧尺寸应在椽子的椽尖处。见图 4-3-13。

（6）测量总平面图标高时，整组建筑应该只有一个正负零。

（7）除确实暂时无法测量的隐蔽部位处，应对建筑所有重要的构件进行精细测量，大量性建筑构件（如瓦件、墙砖）应根据年代以及形制分类后按类别进行取样测量。

（8）现场照片的拍摄要求：现场拍摄的照片主要有两种用途，第一种供绘制 CAD 图纸时作为测稿的辅助参考，优点就是较为直观，此类照片应尽可能地不遗漏建筑可视范围内的每一个角度及位置，采用先整体后局部地方法。第二种供绘制详图时使用（如彩画的图纸绘制就需要大量的此类照片），优点就是现场可省略一些详图的拓样测绘，节省现场测绘时间。此类照片应尽可能地采用正面拍摄，尽量避免变形。所有照片拍摄应尽可能地克服“透视变形”，同时退远观察也有助于更好、更全面地把握建筑整体的比例关系。

（9）不同时期不同地域的建筑都有其独特的法式做法，在测绘时应尊重每一个构件的原始做法，不可草率的就判定其做法错误而按常规构件进行测绘。真实客观地采集所测建筑尺寸、做法等信息是测绘的原则。

第5章　建筑现状情况的勘查

现状勘查是对建筑现状了解、认识的过程，是建筑价值评估的依据，是制定建筑修缮设计的依据，建筑的维修保护设计不仅应该建立在建筑现存状况的基础上，更要建立在价值评估的基础上，因为文物建筑维修与一般建筑维修最大的不同在于，经过修缮之后要使那些有价值的信息得到有效保存和延续。

现状勘查可分为三类：法式及传统做法勘查、残损情况勘查、建筑历史信息与真实性、完整性勘查。

5.1　建筑法式及传统做法的勘查

古建现场测绘除了建筑尺寸的测量，建筑法式及各个部位的做法记录也是勘查测绘的重要组成部分。在传统古建筑中，建筑风格有着不同时代和不同地域的特点，如北方建筑较沉稳，木柱框架粗壮、墙体屋面较为厚重，而南方建筑木柱结构较为轻巧、灵活多变。这些构造上的差异，与气候、习惯以及建筑取材等有很大关系。而建筑形式和风格、官式建筑与民间建筑在建筑形式方面的等级差异等，则又是建筑文化内涵的体现。

法式及传统做法勘查是对建筑法式、形制特征方面的综合勘查。建筑法式是指一定的建筑设计规则，是形成建筑风格的依托。比如官式建筑，宋代有《营造方式》、清代有《营造则例》，民间和地方建筑虽然没有成文的法式规则，但各地区的建筑都有自己的习惯做法。有时，同一时期不同地域的建筑，可能会同时兼有官式建筑的特点和地方建筑特色。在一些较为封闭、不发达的边远地区，清代建筑可能还保留有早期建筑形制的特点。建筑的法式特征和做法特征是分析建筑形成、演变的要素，可以作为鉴别古建筑历史年代的参考依据。法式勘查的目的就是要明确建筑在修缮中应特别注意保护的建筑形制特点和法式特征。建筑法式有些是从建筑尺度、构件尺度上反映出来，有些是从建筑做法上反映出来，比如：建筑的平面形式，柱网布置情况，有无柱升起、柱侧脚，柱子式样是直柱还是梭柱、方柱或异形柱，柱头是否有卷刹，是否为包镶柱，柱径与柱高、开间的比例，梁架形式、屋顶形式、举折情况、檐出比例，节点做法，斗栱材份、特征及分布情况，整个建筑用材大小、用材比例，装修、彩画形式以及色调等，都可反映出建筑法式。见图5-1-1、图5-1-2。

建筑传统做法勘查直接关系到维修保护材料和修复方法的确定。在传统建筑中，不仅从建筑形式上注重等级观念，在工艺做法上也有许多等级要求，像屋面做法、地面做法、油饰彩画做法、墙体做法等。比如墙体砌筑的做法就分干摆、丝缝、淌白、糙砌几个等级，同时由于砌筑形式的不同，墙体内部结构也不一样。在具体建筑上，砌筑方法又有一定的组合规则，比如：下碱干摆做法一般上身与丝缝做法相配等。同时，同一做法又有不同的砌筑方法，比如：同为干摆做法又有十字缝砌筑、三顺一丁、一顺一丁等砌筑方法。因此，维修前的做法勘查非常重要，否则无法确认历史修缮过程中对整个墙体的扰动情况，也可能修后改变了原有做法。而且不同的做法，需要不同的材料加工和施工工艺，有不同的工程造价。见图 5-1-3～图 5-1-18。

图 5-1-1　金代建筑（法式特征：梭柱、柱头有卷刹、柱头铺作、直棂窗、高台阶、大出檐等，唐宋建筑特征较为明显）

图 5-1-2　明清建筑（法式特征：建筑比例较为匀称、柱头无卷刹、斗栱变小、出檐变小）

图 5-1-3　室内尺四方砖细墁地面做法

图 5-1-4　室外三路方砖糙墁甬路、花石子散水做法

图 5-1-5　大城样三顺一丁干摆台帮、大城样褥子面细墁散水做法

图 5-1-6　墙体上身为小停泥三顺一丁丝缝做法，下碱为二城样三顺一丁干摆做法

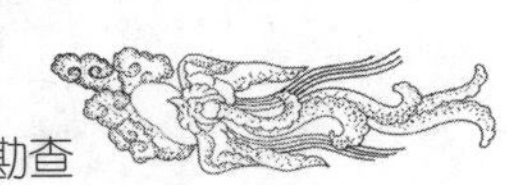

图 5-1-7　二号筒瓦捉节夹垄屋面

图 5-1-8　五样蓝琉璃黄剪边屋面做法

图 5-1-9　小停泥丝缝散装博缝

图 5-1-10　尺四方砖博缝、砖挑檐

图 5-1-11　屋面基层为望砖做法

图 5-1-12　屋面木基层为望板做法

图 5-1-13　柱子地仗为一麻五灰一布做法

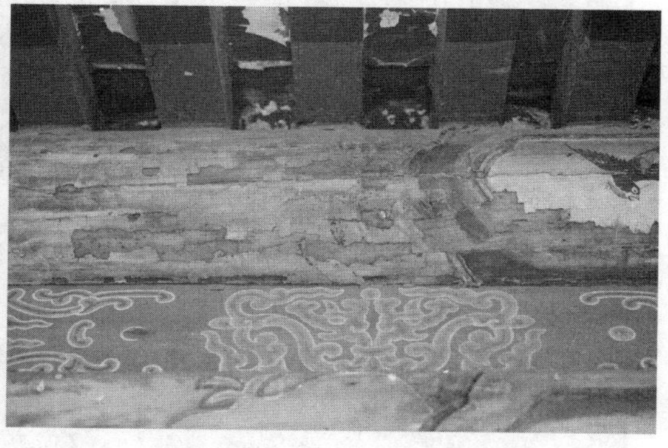

图 5-1-14　外檐上架地仗为单皮灰做法

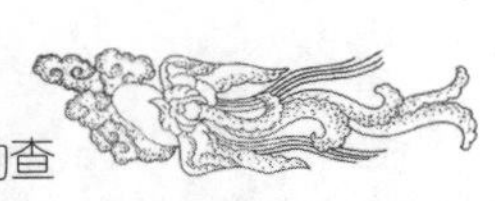

图 5-1-15　明末清初旋子雅伍墨彩画

图 5-1-16　清旋子金线大点金彩画

图 5-1-17　藏式建筑女儿墙白玛草做法

图 5-1-18　岭南建筑花脊做法

对古建筑现状做法的勘查，不仅包括原有的传统做法，对现状各种做法也要详细记录。建筑做法记录要求一定要准确、清晰，决不可模棱两可。总之建筑做法勘查就是把该建筑各个部分的做法及用料材质记录下来，在记录的同时应注意该做法及用料材质是原建筑始建时的做法及用料材质，还是后来修缮时所改用的做法及材质。不同时期做法及材质的判断需要一定的工作经验，也需要大家对各个时期做法及材质的了解。例如古建筑中出现的红机砖等现代材料，就说明该部位进行过修缮或抢险，因为古建传统砖料中没有红机砖这种材料。总之，大木、瓦石、油漆彩画、建筑史、材料学、测量等基础学科的学习对能否顺利学习古建筑测绘这门学科非常重要。

古建筑做法勘查测绘的主要部位有：地面、台基、墙体、屋面、拔檐、博缝、油饰彩画等。各部位内又可细分为若干个小部位，例如墙体室外下碱材质为小停泥砖砌筑，做法为十字缝。列表记录较为清晰，做法表见表 5-1-1。

表 5-1-1　做法表

<table>
<tr><th>序号</th><th colspan="3">部 位</th><th>材质（mm）</th><th>做法</th><th>备注</th></tr>
<tr><td rowspan="5">1</td><td rowspan="5">地面</td><td colspan="2">廊内地面</td><td></td><td></td><td></td></tr>
<tr><td colspan="2">室内地面</td><td></td><td></td><td></td></tr>
<tr><td colspan="2">月台</td><td></td><td></td><td></td></tr>
<tr><td colspan="2">室外甬路</td><td></td><td></td><td></td></tr>
<tr><td colspan="2">室外地面</td><td></td><td></td><td></td></tr>
<tr><td rowspan="3">2</td><td rowspan="3">台基</td><td colspan="2">台帮</td><td></td><td></td><td></td></tr>
<tr><td colspan="2">散水</td><td></td><td></td><td></td></tr>
<tr><td colspan="2">象眼</td><td></td><td></td><td></td></tr>
<tr><td rowspan="9">3</td><td rowspan="9">墙体</td><td rowspan="3">下碱</td><td>廊心墙</td><td></td><td></td><td></td></tr>
<tr><td>室内</td><td></td><td></td><td></td></tr>
<tr><td>室外</td><td></td><td></td><td></td></tr>
<tr><td rowspan="3">上身</td><td>廊心墙</td><td></td><td></td><td></td></tr>
<tr><td>室内</td><td></td><td></td><td></td></tr>
<tr><td>室外</td><td></td><td></td><td></td></tr>
<tr><td rowspan="2">槛墙</td><td>室内</td><td></td><td></td><td></td></tr>
<tr><td>室外</td><td></td><td></td><td></td></tr>
<tr><td colspan="2">象眼</td><td></td><td></td><td></td></tr>
<tr><td>4</td><td colspan="3">木基层</td><td></td><td></td><td></td></tr>
<tr><td>5</td><td colspan="3">拔檐</td><td></td><td></td><td></td></tr>
<tr><td>6</td><td colspan="3">博缝</td><td></td><td></td><td></td></tr>
<tr><td>7</td><td colspan="3">屋面</td><td></td><td></td><td></td></tr>
<tr><td>8</td><td colspan="3">正脊</td><td></td><td></td><td></td></tr>
<tr><td>9</td><td colspan="3">油饰地仗</td><td></td><td></td><td></td></tr>
<tr><td>10</td><td colspan="3">彩画</td><td></td><td></td><td></td></tr>
</table>

注：本表格可根据各建筑实际需要依本表形式增减表格内容。

5.2　建筑残损现状的勘查

残损现状勘查是对建筑物承重结构及其相关工程的损坏程度与成因所做的勘查，勘查目的是直接为古建筑的安全性鉴定及制定修缮方案提供依据。在现状勘查前熟悉古建修缮维修技术对于古建现状勘查非常重要，了解了如何维修，勘查时就有了针对性，目的也就更加明确，所以古建筑测绘是一门综合学科，每一环节都是相辅相成的，缺一不可。

1. 木结构的勘查与测定

对于我国古建筑多采用木结构承重的特点来说，木结构的勘查与测定尤为重要，其主要内容有：树种鉴定、材料性能测定、木材缺陷的检查、木材受腐蚀情况的测定、木材蛀蚀情况的测定、木构件变形的测定、木构件偏差的测定、木结构联结的检查和验算、木结构构造的检查等项内容。《古建筑木结构维护与加固技术规范》中结合古代木构建筑的做法和特点，列举了对古代木结构建筑的残损勘查的具体内容和要点，简略如下：

（1）检查承重结构整体是否存在变位与变形状态，以判断其是否可能失稳或发生强度破坏。

（2）检查节点搭接情况，以判断其传力是否安全可靠。

（3）检查大木承重构件受力状态是否正常，以判断其建筑的结构安全性。

（4）检查承重结构木材材质状态，即木材的虫蛀、腐朽、老化变质及所处环境，以评估其剩余寿命及耐久性等。

（5）对历代维修加固措施残存部分勘查，以确认其安全性、耐久性。

（6）对古建筑残存现状的勘查除以上木结构内容外，还应包括建筑其他的所有部分，如地面、屋面、木基层、墙体、砖、抹灰、台基、装修、油饰地仗、彩画、院落地面、院落排水、围墙以及周边环境、水电等方面损坏情况的勘查。

我国古建筑种类较多，如遇到砖石承重的建筑，勘查、测定承重结构安全性是我们建筑残损现状勘查工作的第一步。任何建筑都应要求先勘查其承重结构的现存状态，再进行相关部位的勘查，从主到次、从点到面、从内到外，不遗漏与之相关联的任何信息。

在对建筑进行现状勘查时，不仅要对建筑特征、做法以及残损现状进行详细记录，还要分析出现变形或问题的原因，以使维修方案适合个案具体情况，而不是空泛的概念性维修方案。现状勘查的最终目的就是为我们制定修缮设计而服务，是制定修缮设计的依据。

2. 建筑本体残损现状勘查

（1）建筑整体外观变形勘查：

当我们在勘查建筑残存时首先想到的是，该建筑主体结构是否安全，整体结构安全性最为直观的就是视觉感受建筑整体是否有变形，如果从视觉感观上都能看出，那么说明该建筑结构一定存在重大问题，从而更能引起我们对该问题产生原因的追查。值得我们注意的是造成建筑整体变形严重的原因，尤其是木结构建筑有些是需要立即处理的，有些是需要长期检测不需要立刻处理的。所以我们在勘查时一定要记清残损部位、分清残损原因，为下一步制定修缮设计打好基础。

目前建筑整体外观变形的勘查除了目测外，还可以利用三维激光扫描仪，对建筑进行扫描，数据通过在电脑中对比分析，得出变形数据，辅助测绘勘察。见图 5-2-1～图 5-2-4。

图 5-2-1　垂花门立面（视觉观察建筑整体出现变形）

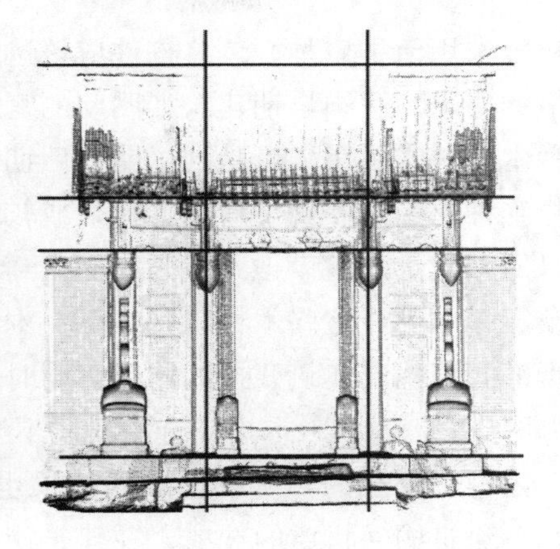

图 5-2-2　垂花门立面扫描图

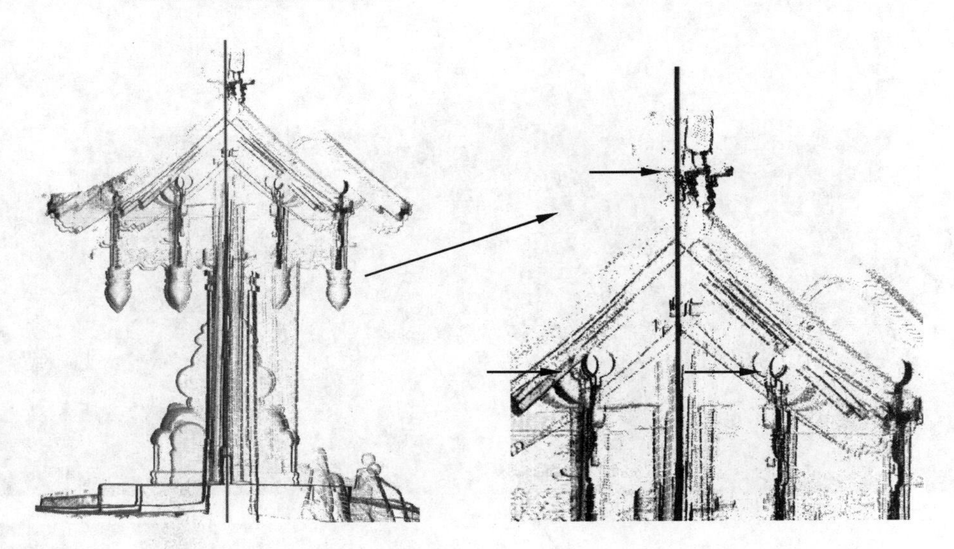

图 5-2-3　垂花门剖面扫描图

通过扫描图对比发现垂花门木构件，整体扭闪、下沉严重 7～9cm。经现场勘查及资料查实发现造成这一残损的原因，主要是本垂花门建筑形式为二郎单山形式，建筑头重脚轻，本建筑形式易造成构件变形，同时建筑经受地震外力作用，最终导致建筑木屋架整体拔榫变形。

（2）木材材质勘查：

现木材材质的勘查工作多与专业木材鉴定部门相配合进行。木材材质的选择直接影响着大木构件的稳定性、耐久性等问题，承

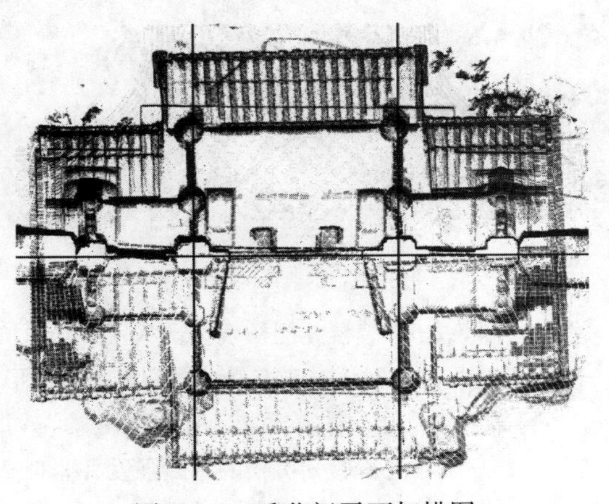

图 5-2-4　垂花门平面扫描图

重构件应该选用何种树种、装修构件应该选用何种树种，在古建筑木作制作与安装使用中有着严格的要求。我国早期建筑如明朝的宫殿、陵寝多用南方特产的楠木作为建筑承重木材，这种木材坚实耐用。可是到了明朝后期在修筑工程时对木材砍伐无度，结果使得很多上等木材绝种。因此，到了清朝，宫殿或较大的敕建庙宇，全部使用楠木构架的已经很少了，所以后来大量建筑就改用落叶松。至于装修，特别是室内装修，则多使用红松、花梨、铁梨、杉木等，这些木材坚硬细腻、木纹美观。因此在勘查中对木材材质的判断，不仅可以帮助我们找出建筑残损的原因，同时也可以帮助我们对建筑始建年代的判断。

例如图 5-2-5 为因承重构件选用材质不当，造成的建筑出现残损。往往此类残损不是在短时间内可以发现的，所以造成的后果也较为严重，所能采取的修缮措施也局限性较大。因此古建筑构件材质的选取，在建筑初建和修缮中尤为重要。

图 5-2-5　牌楼龙门枋残损现状（因龙门枋变形导致与南次间大额枋相交处出现 2cm 裂缝，且龙门枋本身有横向通裂及扭曲变形，但龙门枋本身并未发现糟朽，构件截面也符合则例及结构计算要求。所以导致这一残损的主要原因就是龙门枋采用了美松，经过二三十年的检验，美松的材质强度并非很高，易于造成承重构件变形等现象的出现）

图 5-2-6　五架梁采用杨木（杨木强度低不适合做承重构件，
所以受压后构件出现较大挠度且劈裂严重）

（3）木构件劈裂、糟朽勘查：

木构件裂缝主要是经过若干年使用，由于环境、受力等因素影响，木结构构件上出现裂缝。应特别注意的是连接处受剪面的裂缝和金属件（扒钉、螺栓、铁箍）附近的裂缝，这些裂缝对构件的安全使用影响较大。裂缝造成的损伤，不全取决于裂缝的宽度、长短或深浅。而取决于裂缝所处的部位，如果裂缝与结构受剪面重合，即使裂缝较小也是有危害的。因此，勘查时应结合结构受力情况进行判断。见图 5-2-7、图 5-2-8。

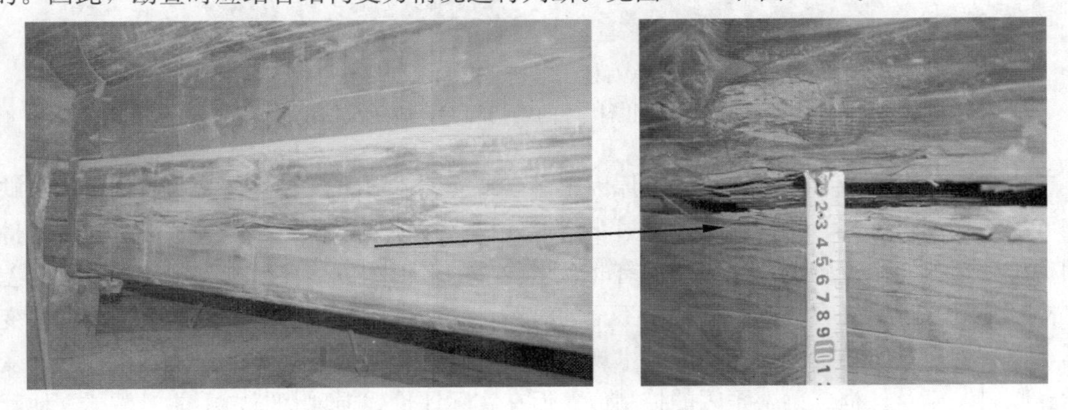

图 5-2-7　木构件劈裂勘查，利用盒尺测量裂缝宽度、长度
（金枋出现横向劈裂，裂缝小于 2cm，同时并未发现严重糟朽，
此种残损并未影响大木构架整体结构的安全稳定性）

木构件糟朽主要是因为木材受腐蚀、蛀蚀造成木材成为疏松质，丧失承重能力。当构件木材出现上述现象时，应测定受腐蚀层的深度，一般可用小手钻或坚硬的铁件探入糟朽部位内，直至未受腐蚀层，然后量测受腐蚀层的深度。在这里应该注意的是有些是从外向内腐蚀，有些是从内向外腐蚀。木构件因受潮造成腐蚀的是从构件表明向内糟朽，白蚁

蛀蚀木材就是从柱心向外开始糟朽。所以在勘查时不能只看表面，应敲击木材，通过声音来判断构件的糟朽，同时木构件被蛀蚀处附近的表面应留有蛀孔，并有粉末状的排泄物从孔中洒落出来。见图 5-2-9、图 5-2-10。

图 5-2-8　木构件劈裂勘查（三架梁结构受剪面出现纵向劈裂，此种残损影响大木结构的安全稳定性，因此在勘查时应引起注意）

图 5-2-9　柱子糟朽勘查（对柱子糟朽高度和深度都要进行测量勘查，勘查中不可轻易判断构件的糟朽程度，应用数据说话）

（4）木构件移位变形拔榫勘查：

造成木构件移位、变形、拔榫的原因很多，地震、基础下沉、外力受压、构件自身缺陷（缺陷如用材不当、构件断面尺寸过小）或残损（残损如糟朽、劈裂等）是造成木构件的移位变形拔榫出现的主要原因。但有时，木构件的变形和位移又很难与制作和安装偏差严格区分开来，特别在施工量测记录不全的时候，这两者则更难区别。虽然关于木构件变形，在《古建筑木结构维护和加固技术规范》中给出了受弯构件挠度控制值，构件侧向变形、倾斜，以及柱框、梁架歪闪的控制值。但在实际评价残损现状时，不能机械孤立地套用一些数值，而应根据构架特点，进行点面结合分析，确定其残损原因及残损的危害程度。

木构件的构造与连接对于结构的受力性能和整个框架的稳定性起着十分重要的作用，是勘查中不可忽视的重要内容。勘查时应检查：构架竖向、水平、斜向支撑及加固性支撑情况；榫卯、梢连接、浮搁及加固性的螺栓、销钉连接、铁件连接；构造受力是否合理。例如：榫头拔出卯口长度超过榫头 1/2 视为危险点，就要采取相应措施进行加固。见图 5-2-11～图 5-2-14。

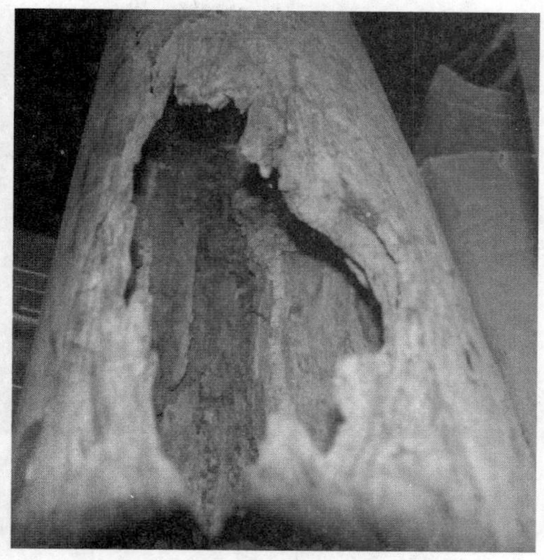

图 5-2-10　蛀蚀造成木柱残损（柱子表明留有蛀孔、柱子由里向外糟朽，如果不把柱子表皮撬开很难发现柱子内侧的残损程度）

图 5-2-11　利用铅坠、直尺量取柱子歪闪数据（此时应注意柱子是否有侧脚、掰生等做法，如没有，说明量取数据为柱子歪闪程度，同时也要注意与之连接构件的榫卯连接情况）

图 5-2-12 利用铅坠、盒尺量取柱子歪闪数据
（量取歪闪应注意柱子做法及榫卯连接状况，有拔榫有可能是构件
自身歪闪、无拔榫有可能是构件整体歪闪，测量时要综合分析）

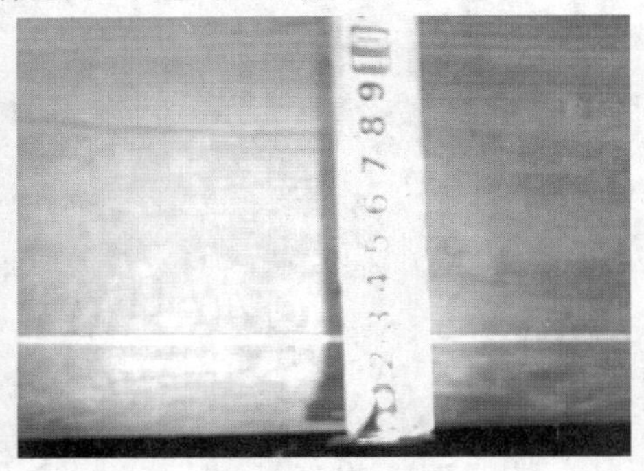

图 5-2-13 利用线绳、盒尺、水平尺量取梁架变形挠度（将线绳固定在两端梁头，再利用盒尺量取数据。如具备条件也用水平仪测取数据。测量时应注意榫卯连接情况、铁件连接情况及梁自身的做法，组合梁及梁断面尺寸过小，梁架均易出现挠度）

（5）斗栱残损勘查：

斗栱在建筑中是集结构、装饰于一身的特殊构件，越是时代偏早的建筑，其结构作用越明显。斗栱在结构中自身是平衡的，即使是带斜昂的斗栱也无需在安装或拆卸时担心它前后失衡。斗栱构件相对断面较小，两个构件十字搭交，双方都要挖去一部分断面，有些抹斜或45度构件则有三个以上构件搭交，所以实际栱能拥有的有效断面只有全部断面的1/2～1/3或更小。当外力出现变化时，如檐檩外滚、柱子下沉、梁架歪闪或地震力的影响等就会引起斗栱受力不均，出现位移、扭闪变形的问题。加之斗栱受自然力的破坏，还会有糟朽发生。这些因素会使斗栱构件之间的平衡力发生变化，局部荷载过大。一旦错位会使斗耳剪力加大，同时因为木材顺纹抗剪力差，加之断面又小，因此常常有斗耳劈裂、脱落的现象。还有

图 5-2-14 利用盒尺量取拔榫数据（量取拔榫数据时应同时观察构架整体及构件变形情况，榫卯糟朽情况、榫卯形式做法、铁件连接情况等）

那些悬挑的栱和昂，因长期受弯，木材抗拉力差，构件受拉区容易出现断裂的问题。除了上述外因的影响，还有斗栱自身构造上的问题，比如构件搭接太少、没有约束作用等原因。分析斗栱损害原因：斗栱常出现的问题有干裂、劈裂、斗耳脱落、被压扁、糟朽等，以及斗栱整体变形或局部构件受压变形劈裂。在勘查斗栱残损时，如遇到整攒斗栱受压变形严重时，应先量取整攒变形数据，再分件量取。见图 5-2-15、图 5-2-16。

(a)

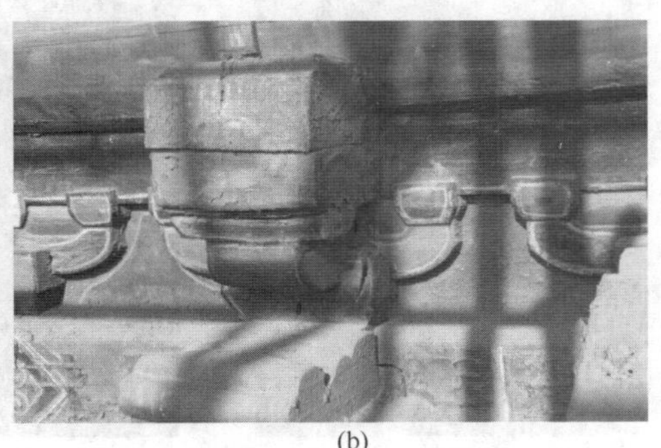

(b)

图 5-2-15 斗栱残损状况

（a）由于受压平板枋变形导致斗栱整体受压变形；（b）大坐斗受压劈裂

斗栱的构造更像是积木，通过榫卯层层叠加而成，所以易造成整体受压变形或局部构件受压劈裂变形，尤其是角科斗栱承载翼角重量受力更大，相对是构造的薄弱环节，更易造成受压变形、劈裂、外闪等残损。我们在勘查时更要注意角科斗栱的变形情况。

（6）椽望、连檐、瓦口残损勘查：

椽子、望板、连檐、瓦口都是建筑最上层的构件，也是最容易受到雨水侵蚀的，因此残损多为糟朽。现场勘查时应分段分部进行勘查，如檐头（包括椽头、连檐、瓦口）、檐步（檐椽、望板）、金步（花架椽、望板）、脊步（脑椽、望板），因为各段的残损情况不一定相同。檐头因接触雨水最为直接，所以最易糟朽、变形。其次翼角部位、椽子望板上部也是易出现糟朽部位。所以我们在勘查时不可单纯看表明就断定残损，应利用铁钎探查

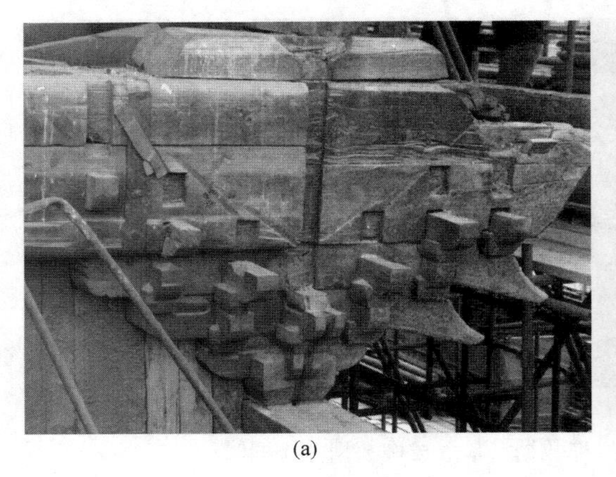

(a)

(b)

图 5-2-16　七踩单翘重昂斗栱

(a) 柱头科斗栱侧立面拆卸后构造；(b) 柱头科斗栱正立面构造

糟朽情况。见图 5-2-17、图 5-2-18。

图 5-2-17　利用铁钎探查望板糟朽情况

图 5-2-18　望板糟朽（已露出泥背、椽尾糟朽下滑）

（7）小木作残损勘查：

建筑小木作一般包括：门、外檐装修、室檐装修、天花、藻井、栏杆、栏板、楼梯、佛道帐等。建筑上的小木作是依附在大木框架墙体上制作的，因此它要服从依附对象。其次由于小木作的用料相对大木要小、要干燥，榫卯制作更严密。但也由于依附大木，大木糟朽变形也会影响到小木作的变形，同时也因为制作更精密，一旦木料缩胀变形，就会导致使用或感观不佳等问题的出现。另外小木作一般不影响结构安全，在后期使用过程中易进行拆改、移位。所以小木作在勘查时应注意分析导致残损的原因、产生的影响及始建时的状态。小木作易产生的残损有：糟朽、变形、移位、由于木材干缩出现裂缝、自身劈裂、受力产生劈裂、榫卯松动、磨损、后期拆改等人为损害。见图 5-2-19～图 5-2-22。

图 5-2-19　利用盒尺量取下槛变形数据

图 5-2-20　木栏杆、栏板糟朽变形，局部构件松动脱落

图 5-2-21　因连楹糟朽，隔扇门已脱落

（8）地面残损勘查：

古建筑中地面多采用砖地面，也有木板地面和石材地面，我国各地区所采用砖的形式各不相同，所以在勘查时应注意地方做法。常见砖的残损有：碎裂、由于垫层或基础下沉导致砖下沉、自身磨损、后期拆改等。如果不是基础或垫层出现问题，砖不是大面积碎裂或磨损，勘查时应按块计数。见图 5-2-23～图 5-2-25。

在勘查地面时，应注意有些地面虽然不是建筑始建时地面形式，但也属清晚、民国时期或具有特殊意义的，同样具有时代特征及文物价值，应考察清楚，万不可一概而论。

（9）台基残损勘查：

台基的勘查包括：散水、台帮、台明石、垂带踏跺、象眼、燕窝石、土衬石等。石活常出现的残损有石材自身断裂、风化、磨损，由于基础或垫层出现问题而导致的断裂、走

图 5-2-22 通过檐步、金步彩画形式等级、榫卯位置及檐步装修形式做法判断原装修位置（本图檐步为旋子彩画、金步为和玺彩画，并且在金柱上发现装修榫眼，同时现檐步装修为后改不是传统装修样式，从而判断原装修应在金步）

(a)

(b)

图 5-2-23 方砖地面

(a) 地面垫层下沉，方砖碎裂；(b) 地面方砖磨损严重

图 5-2-24 海口的陶砖地面

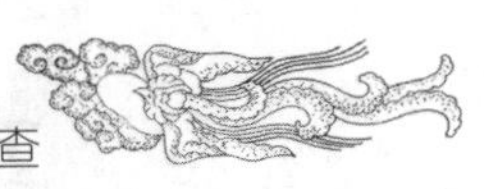

图 5-2-25　花砖地面

闪，人为损害等。砖砌部分常出现的损害有鼓闪、酥碱、碎裂、磨损、人为拆改等。勘查时首先要分清造成残损的原因是结构构造造成的，还是构件自身的自然损害，因为它们所采取的相应修缮措施是不同的。基础、垫层出现问题导致台基残损的就要先处理基础、垫层，再修复残损，如果基础、垫层没有问题的就可以直接针对残损进行修复。勘查时针对修缮措施采用不同的统计单位，如剔补的按块或面积计数，拆砌的按部位按体积计数。见图 5-2-26～图 5-2-30。

图 5-2-26　由于树根扰动台基基础，导致台基残损

图 5-2-27　大城样干摆十字缝台帮，城砖自然酥碱

图 5-2-28　由于室外地面地坪增高将垂带踏跺淹没，勘查时应探查淹没部分的残损情况

图 5-2-29　测量台帮鼓闪数据

图 5-2-30　垂带踏跺石走闪

（10）墙体残损勘查：

古建筑中墙体分为砖砌墙体的和木质墙体，多数为围护结构，也有些无梁殿砖墙承重。对于不同承重要求的墙体有着不同的修缮措施。这就需要我们在勘查时先要确认墙体在结构中所起的作用，再进行现状勘查。

墙体的残损也分为：结构出现问题而导致墙体出现鼓闪、歪闪、砌块松动等残损；砖砌体自身酥碱、风化；木质墙体整体变形或糟朽；墙体抹灰空鼓、酥碱、脱落；墙面涂料层褪色、污泽；墙面裱糊老化、酶蚀、污泽；人为拆改损害等。勘查时所有残损应表明位置、数量及残损原因。见图 5-2-31～图 5-2-36。

（11）屋面残损勘查：

古代木结构建筑最容易损坏的部位是瓦面。一般情况下，一座上千年、上百年的建筑，木结构从未大修过，而屋面（瓦面）则几经翻修，早已改朝换代了。所以屋面残损的勘查一定要谨慎，注意现存做法及多次修缮的叠加痕迹，不可妄下结论。当屋面不具备打开勘查具体做法时，可只作瓦面的勘查，待施工具体条件后再补充。

图 5-2-31　木质罗汉墙、罗汉窗

图 5-2-32　无梁殿（砖砌体发券承重）

图 5-2-33　因基础下沉导致墙体开裂

图 5-2-34　墙体局部砖砌块酥碱
（墙体整体保存完好的，局部砌块酥碱
的勘查应按块计数，同时还应标出具体位置）

图 5-2-35　墙体抹灰空鼓酥碱脱落

图 5-2-36　墙体裱糊酶蚀、残缺

屋面最常见的残损是漏雨、瓦件脊件吻兽断裂、瓦件脊件吻兽小跑样式、尺寸混乱、做法改变等。出现残损的原因有：瓦面上滋生杂草、杂树，其根系使瓦件松动，至使雨水渗入苫背层；瓦件和铺设有质量问题，如瓦件有断裂现象，搭接过少或板瓦之间有缝隙、捉节夹垄破损，引起漏雨；由于地震等自然灾害致使木构件发生变形，导致苫背层开裂，瓦面走动。见图 5-2-37～图 5-2-39。

图 5-2-37　局部打开瓦面，勘查屋面做法（此种勘查应注意勘查完毕后恢复原状）

图 5-2-38　屋面长杂草，瓦件残缺松动脱节，夹腮灰松动脱落，琉璃瓦件脱釉

图 5-2-39　屋面起拱，裹垄灰松动脱落，猫头花饰凌乱，说明屋面经过多次修缮

（12）油饰地仗彩画残损勘查：

油饰地仗彩画在古建筑中起着保护构件及装饰的作用，就像我们装修房子，会根据不同时期的不同要求将陈旧的更新，所以早期保存至今的极为稀少。清代以前的彩画大都是木构件上直接绘制，做单皮灰地仗，清代由于木料短缺，在建筑中大量使用拼合梁、柱，木构件上的铁箍、拼缝都有碍彩画的直接绘制，由此渐渐形成讲究的麻地仗做法。由于地仗层有一定厚度，还可以弥补木构件表面的缺陷，同时为油饰、彩画基层打下基础，所以清以后在官式建筑或有条件的建筑上常采用地仗做法。我国由于各地传统、气候条件不同，使用材料和做法、纹饰并不一样。勘查前应对油饰地仗彩画的修缮技术有一定了解，才可有目的、有针对性地进行工作。

油饰地仗彩画常见的残损有：油饰地仗空鼓开裂、脱落；油饰脱色、爆皮；彩画层龟裂、起甲、脱落；彩画褪色、表面污染等。我们在勘查时应首先判断地仗是否坚固，与构件结合是否牢固。如果地仗较厚，应勘查坚固层到哪一层，从哪一层开始出现的以上残损情况，在修缮时遵照最小干预的原则，针对残损就会穿磨到那一层，尽量避免满砍全做。现在对彩画的修缮要求越来越严格、越来越规范、也越来越受关注，所以在彩画勘查时也要求越来越细致。根据现场勘查要做彩画价值评估，原则以现状保护为主，根据残损情况回帖、修补，避免大量重绘。彩画勘查时可勾画草图、按部位按面积记录残损。见图 5-2-40～图 5-2-42。

图 5-2-40　油饰地仗空鼓开裂、脱落

图 5-2-41　彩画层龟裂、起甲、褪色、纹饰模糊

（13）院落排水勘查：

我国古代建筑很早以前就开始关注组群建筑的排水系统，从墓葬、遗址、图册等不难

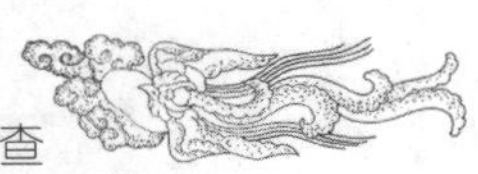

图 5-2-42　彩画局部纹饰图案褪色、污染（勘查时应标注清楚具体位置、纹饰的保存现状）

看出，排水系统很早就运用于建筑中。雨水是造成古建筑残损的因素之一，院落排水不畅会为建筑埋下很大安全隐患，所以我们在勘查整组建筑时，也要注意其院落排水系统的现存状态。排水系统有明敷、暗敷两种，但多数是两者相结合使用。勘查时应注意排水眼、排水沟的位置走向，建筑经过上百年的沧桑演变，多数排水系统已不发挥作用，甚至有些已被改动或破坏，勘查要求通过现存痕迹找出原排水系统走向，为修缮提供设计依据。见图 5-2-43、图 5-2-44。

图 5-2-43　院内石材明排水沟系统

图 5-2-44　建筑内安排水

（14）隐蔽部位勘查：

在现场勘查时，会有许多无法触及或视线无法观察到的地面，为勘查工作的完整性造成障碍。这些隐蔽位置如：扶脊木、承椽枋的椽碗处，墙内柱子、望板上皮、角梁后尾及两帮等。隐蔽位置的残损情况，一是通过多年工作经验、结合相邻构造残损情况进行判断或暂估；二是在施工进场具备勘查条件后再进行补充、完善。见图 5-2-45、图 5-2-46。

图 5-2-45　山花板下口

图 5-2-46　扶脊木上皮及椽碗

3. 建筑设施及周边环境现状勘查

（1）电气设备及相关设施勘查：

我国大量古建筑在清末民国时期随着西洋文化的融入，建筑内安装了不少电灯、电话等设备，局部改造增建了卫生间。解放后，二十世纪七八十年代之前为了使用功能要求，也在一些古建筑内大量安装了电气设备。因当时设备陈旧、技术有限、规范不明确，多数未能与古建筑科学的相融入，局部造成古建筑的残损。现这些设备陈旧老化，给建筑带来了极大的安全隐患，所以在勘查时对现有电气设备也要进行全部勘查，记录因安装、使用不当对建筑造成的残损。见图 5-2-47、图 5-2-48。

图 5-2-47　文物建筑内线路杂乱，线路从建筑屋面进入，造成屋面漏雨

（2）周边环境勘查：

我国传统古建筑讲究选址，设计者均迎合周边环境或营造周边环境，极少有孤立于环境之上的建筑。所以在勘查建筑本体的同时应该注意到周边环境的变迁情况，为评估建筑价值、历史演变提供依据。周边环境分大环境和小环境，大环境指建筑所处位置的自然环境、气候环境、水文环境、地质构造、植被覆盖情况等；小环境指建筑周边相邻建筑、道路、山石、水池、树木花草等。建筑所处环境的变迁，对建筑设计初始理念有着极大的影响，也对建筑保护提出了一个严峻的问题。为了更好地保护文物，我国在保护法规中也划定了保护区和保护范围。在勘查进场前应了解所勘查文物的文物级别及保护区、保护范

图 5-2-48 古建筑内随意增加卫生设备及其他设备，
极易造成木柱糟朽或文物本体的残损

围。对该保护区、保护范围按照勘查深度要求，进行相应的勘查调研。

4. 现状勘查表格

见表 5-2-1。

表 5-2-1 现状勘查表

序号	部位			现状做法	残损现状	残损原因分析
1	大木					
2	木基层					
3	木装修					
4	地面	廊内地面				
		室内地面				
		月台				
		室外甬路				
		室外地面				
5	台基	台帮				
		台明石、柱顶石				
		垂带踏跺象眼				
		散水				
6	墙体	下碱	廊心墙			
			室内			
			室外			
		上身	廊心墙			
			室内			
			室外			
		象眼				
7	屋面					
8	拔檐、博缝					
9	油饰地仗					
10	彩画					

续表

序号	部 位	现状做法	残损现状	残损原因分析
11	院墙			
12	院落排水			
13	电气设备			

注：可根据各建筑实际需要依本表格形式增减表格内容。

5.3 建筑历史信息采集

在测绘过程中，除了测量构件尺寸、记录建筑做法、勘查构件残损等内容外，还有一项非常重要的任务，就是在勘查过程中采集建筑构件上能够体现建筑历史信息的所有内容，如字迹、符号、工程做法、构件替换加固信息等所有内容。这些历史信息有可能是始建时留下的，也有可能是修缮或普查研究时留下的，更或者是拆改时留下的，但这些信息都可以帮助我们更全面更深入地了解勘查对象的历史演变过程，更准确地评估其价值、鉴定其年代。

例如 1937 年梁思成、林徽因一行人在普查佛光寺时，林徽因在大殿梁下发现的题字，才可以帮助大家确认佛光寺大殿始建年代为“唐大中十一年（857 年）”。早期建筑文献记载相对匮乏，尤其是偏远地区，所以在勘查现场时就要通过一些遗留信息来帮助了解建筑的始建年代、历年修缮等方面，帮助更好地解读古建筑的历史演变。

有些历史信息是说明年代的、有些是说明修缮加固情况的、有些是说明建筑历史变迁的。而这些信息有些是直接把年号用墨笔写于大木构件上，有些是把始建年代、修缮年代和捐赠者刻在碑文里，记录形式多样灵活。这就需要在日常的工作中慢慢积累，灵活应对。见图 5-3-1～图 5-3-4。

图 5-3-1 大木童柱上用墨笔写有何年何月立在何位置的柱子
（可以作为建筑始建年代的判断）

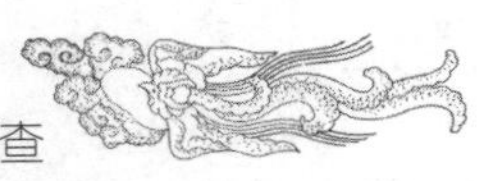

图 5-3-2　木构件上记录着何年采取了何种修缮（记录着更换及加固的时间，同时也反映了建筑曾经出现的残损）

图 5-3-3　砖侧面印有“万历伍年山东左营造”的印记记录砖生产的时间及作坊（通过印记判断建设年代等信息）

图 5-3-4　此梁为包镶梁，里侧的梁为楠木，且彩画为单皮灰明式彩画。可见此梁为利用前朝建筑旧构件包镶改造后又继续使用的，现建筑尺度必定大于前朝建筑，所以不能直接使用。同时也可以看出越往后大型上好的建筑材料已十分紧缺，所用拼接料都很难选用同材质的木料进行拼接。这些写在建筑上的信息可以与历史档案相校核，确认现场解读的建筑历史信息是否准确（通过现场勘查发现信息）

第 6 章　古建筑测绘内业工作整理

古建筑测绘内业整理工作是一项复杂、繁琐、枯燥的工作，需要投入十分的热情，尊重每一个数据，从一个个数据及照片中解读历史建筑，让古老的建筑健康、完整地展现在世人面前，让古老的建筑一代一代地延续下去。

6.1　测稿及照片的整理

当完成现场的一切测绘工作后，就该回到室内进行所有资料的整理，整理现场工作是否有遗漏，校对测绘数据。首先将所有测稿和照片按殿座一一归类，测绘图纸可做成扫描文件电子化或复印拷贝，这样在使用过程中不易损坏或丢失。照片应分成绘图辅助照片和现状残损照片两类。

测绘数据的校对是通过绘制图纸来完成的，在绘制平面图、剖面图、详图、立面图的过程中就会发现所测尺寸是否准确、详尽，所缺及需要核实的尺寸应一一记下，汇总后再去现场核对，切忌因为一个尺寸就去一次现场。测绘时所测尺寸均要求测总尺寸和分尺寸，并要求现场核对，如按要求操作应能满足绘图需要。绘制图纸应先绘制各单体图再绘制总图，单体图按平、剖、立顺序绘制，详图随绘制平、剖、立过程中同时绘出。图纸按照绘图标注及要求进行绘制。

现场拍摄照片时应分为两种，一种是为了绘图所用照片，照片应体现建筑构造、节点、尺度、形式、做法，在绘图时帮助回忆建筑结构，顺利绘制图纸。另一种照片是现状残损照片，这类照片应能充分表现建筑各部位的残损程度，为编制勘查报告提供资料。

6.2　建筑历史信息的收集汇总

每组、每栋建筑都有着它自己的历史沿革、文化内涵，这些相关历史资料的收集汇总，是对该建筑勘查测绘的重要组成部分。只有了解它的历史及演变过程，才能使建筑更加立体、丰富。建筑历史信息包括：建造成因、历年修缮、历年使用，及围绕建筑所发生的历史事件和与之相关的重要人物。这些内容的调查，需要查阅大量资料文献，有些记录在地方志或者园志等档案卷宗中，有些散落在建筑碑文、题刻中。现绝大多数世界文化遗产、国保、省保、市保、区保单位都整理完善了档案资料，为查档提供了便利，像故宫、颐和园等重要皇家建筑从始建至今，每一次修缮内容、原因、用工、用银等相关档案都记录详细。而一些偏远地区的文物保护单位的档案资料就相对匮乏，这就需要在勘查时要更加细致，从建筑构件中解读历史。

例如：通过查阅档案《春明梦余录》得知，“慈宁宫是明嘉靖十五年（1536 年）以仁寿宫故址，并撤大善殿更建，非清顺治特建也”。这就不难解释为什么慈宁宫大量木构件为拼接料了。

6.3　现状测绘勘查文本的编辑

现场测绘勘查及档案查阅收集工作完成后，就该进入文本文件的正式编辑工作中了，以前的所有工作都是为最终成果服务的。把现场测绘、勘查的所有内容反映到文本上，作为存档文件或修缮的依据。古建筑测绘勘查文件主要包括两部分：现状勘查报告和现状图纸，两者相辅相成、缺一不可。为了规范文本编制标准，国家文物局在 2013 年制定颁发了《文物保护工程设计文件编制深度要求（试行）》，这也是我国主管部门第一次正式颁发的关于“文物保护设计编制要求”的文件。文件中分别对现状勘查、方案设计、施工图设计三个阶段的编制深度提出要求。

现状勘查的目的是探查和评估文物保存状态、破损因素、破坏程度和产生原因，为工程设计提供基础资料和必要的技术参数。现状勘查主要包括：对文物的形制与结构、环境影响、保存状态以及具体的损伤、病害进行测绘、探查、调查研究并提出勘查结论。

测绘——测量并记录文物现存状态、结构、病害及分布区的地形、地貌。

探查——查明文物损伤及病害类型、程度及原因。

检测——对病害成因和文物的安全性进行测试检查，包括工程地质和水文地质检测，建筑材料分析实验、环境检测等。检测要符合相关专业的现行国家标准。

调查研究——收集文物历史资料、考古资料和历年维修资料，了解文物的原材料、原形制、原工艺、原做法，判别文物年代。

勘查结论——在上述工作的基础上，对文物形制、年代、价值、环境和病害原因进行分析评估，提出文物保存现状的结论性意义和保护建议。

以上内容都要编入勘查文件中，现状勘查文件包括三部分：现状勘查报告、现状实测图、现状照片。

1. 现状勘查报告

现状勘查报告应包括的内容：建筑历史沿革、历次维修情况、文物价值评估、现状描述、损伤和病害的成因分析和安全评估结论。

建筑历史沿革——主要反映现存建筑物和附属物的始建和存续历史、使用功能的演变等方面的情况。根据需要可附必要的考古调查资料。

历次维修情况——说明历史上历次维修的时间和内容，重点说明近期维修的工程性质、范围、经费等情况。

文物价值评估——主要说明文物保护单位级别、批准公布年代，分别明确文物建筑总体以及维修单体的历史价值、艺术价值、科学价值和社会价值等。

现状描述——明确项目范围，表述建筑物的形制、年代特征和保存现状，表述病害损伤部位和隐患现象、程度以及历史变更状况，表述环境对文物本体的影响，并列出勘查记录统计表。

损伤和病害的成因分析和安全评估结论——主要说明勘查和调查研究的基本成果，结论要科学、准确、简洁。必要时须附有工程地质、岩土、建筑结构安全检测等有关专业的评估或鉴定报告。

文本格式目录（本目录仅供参考，可根据不同地区、不同建筑形式、不同要求调整）：

××项目现状勘查报告

一、项目背景

1. 项目位置、范围、文保级别及公布年代

2. 历史沿革

3. 建筑形制及年代特征

4. 测绘手段

二、历次修缮记录

三、价值评估

1. 历史价值

2. 艺术价值

3. 科学价值

4. 社会价值

四、现状描述

1. 项目环境概说

（1）自然地理环境；

（2）气候环境；

（3）水文条件；

（4）地质构造；

（5）植被覆盖。

2. 保存现状

主要问题及成因分析（可列勘查记录表）。

五、现状评估及结论分析

2. 现状实测图

现状实测图是反映建筑物规模、尺寸、形制、做法、残损等所有内容最直观的图形文件，传统图纸是利用图板、针管笔等绘图工具绘制墨线图，现在是利用CAD绘制二维图形，也许将来会发展为通过计算机绘制三维模型或动画。随着科技的发展，古建筑图纸的绘制也越来越先进、便捷。现状实测图纸要求清楚、准确、整洁、工整，严格按照绘图标准进行绘制，做法及现状残损标注要明确、规整。

现状实测图主要图纸包括：区位图、保护范围总图、现状总平面图、现状总剖面图、现状总立面图、单体建筑平面图、单体建筑剖面图、单体建筑立面图、详图。

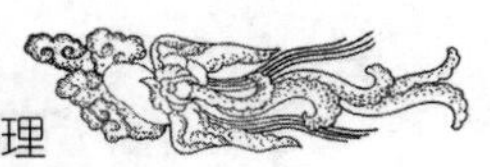

区位图——文物所在的区域位置，比例一般为 1∶10000～1∶50000。

保护范围总图——反映保护范围周边环境与文物本体的关系。比例一般为 1∶200～1∶10000。

现状总平面图——反映建筑物的平面及竖向关系，地形标高，其他相关遗存、附属物、古树、水体和重要地物的位置，工程内容和工程范围。标明或编号注明建筑物、构筑物的名称，庭院或场地铺装的形式、材料、损伤状态，工程对象与周边建筑物的平面关系及尺度，指北针或风玫瑰图、比例。总图比例一般为 1∶200～1∶2000。

现状总剖面图、总立面图——反映建筑物之间平面和竖向关系及建筑物形制特征。

单体建筑平面图——反映建筑现状平面形制特征、尺寸、工程做法。有相邻建筑物时，应将相邻部分局部绘出。多层建筑应分层绘制平面图。反映建筑柱、墙等竖向承载结构和围护结构的布置。反映平面尺寸和重要构件的断面尺寸、厚度都要标注完整。尺寸应有连续性，各尺寸线之间的关系要准确。反映建筑标高。标注说明台基、地面、柱、墙、柱础、门窗等平面图上可见部位的做法及残损、病害现状。建筑地面以下有沟、穴、洞室的，应在图中反映并表述病害现状。地基发生沉降变形时，应反映其范围、程度和裂缝走向。门窗或地下建筑等做法、损伤和病害在平面图中表述有困难时，可以索引至详图表述。图形不能表达的状态、做法和病害现状，应用文字形式注明。比例一般为 1∶50～1∶200。

单体建筑剖面图——反映建筑现状剖面形制特征、尺寸、工程做法。按层高、层数、内外空间形态构造特征绘制。空间形态构造特征发生变化时就要绘制一个剖面（如歇山建筑就应该分别绘制明间剖、梢间剖、横剖）。剖面两端应标出相应的轴号和编号。单层建筑标明室内外地面、台基、檐口、屋顶或全部标高，多层建筑分层标注标高。剖面上反映的各种尺寸、构件断面尺寸、构造尺寸均应标示。剖面图重点反映屋面、屋顶、楼层、梁架结构、柱及其他竖向承载结构的损伤、病害现象或完好程度。残损的部构件位置、范围、程度在剖面图中表达有困难的，或重要的残损、病害现象，应索引至详图中表达，构造表达有困难的应补充构件仰俯视图。比例一般为 1∶50～1∶100。

单体建筑立面图——反映建筑立面形制特征、尺寸、工程做法。原则上应绘制出各方位的立面；对于平面对称、形制相同的立面可以省略，但标注建筑残损时应分别说明。立面左右有紧密相连的临建时，应将相连部分局部绘出。立面图应标出两端轴线和编号、标注台基、檐口、柱高、屋脊等处标高，标注必要的竖向尺寸。立面图应表达所有台基、墙面、门窗、梁枋、瓦面、脊件等图面可见部分的病害损伤现象和范围、程度。比例一般为 1∶50～1∶100。

详图——反映基本图件难以表述清楚的残损、病害现象或完好程度、构造节点。详图与平、立、剖基本图的索引关系必须清楚。构部件特征及与相邻构部件的关系应与基础图一致。比例一般为 1∶5～1∶30。

3. 现状照片

现状照片应包括：整体风貌照片、工程对象照片、病害照片。照片编排顺序也是先整体风貌照片，再工程对象照片，再具体部位病害照片。

整体风貌照片——反映工程对象与周边建筑及环境的关系。

工程对象照片——反映保护对象的基本情况（一般指建筑外立面，可以反映建筑基本形制及基本做法）。

病害照片——反映保护对象的问题、病害类型、破坏形式、损伤程度等。

现状照片应有针对性，要求必须真实、准确、清晰，编排顺序应与现状勘查报告及现状实测图纸一致，重点反映工程对象的整体风貌、时代特征、病害、损伤现象及程度等内容。反映环境、整体和残损病害部位的关系。应与现状勘查报告和现状实测图的顺序、文字说明相符。现状照片应标出拍摄时间、拍摄方位及照片所反映的病害问题残损程度。

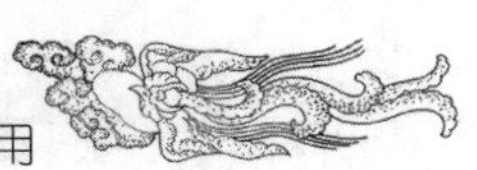

第 7 章　古建筑测绘新深度的要求及新设备新方法的利用

7.1　古建筑测绘新深度的要求

因经济、技术、工程周期等条件限制，目前为止我国古建测绘还普遍停留于传统手工测绘为主，根据个别项目的特殊要求，局部建筑进行激光扫描电子测绘。但随着我国对古建筑研究及文物保护工作的重视，随着高科技的发展，随着文物建筑保护科学化、系统化管理要求的提出，以简单“修缮”、“存档”为核心的测绘工作已不能满足新时期数字化文物保护的要求，所以，随着国家文物局 2010 年“指南针计划”专项“中国古建筑精细测绘”的提出，我国古建筑测绘工作已开始在一些重大项目及科研项目中进行“精细测绘”。

“精细测绘”就是在充分利用现有先进科学仪器、设备的基础上，全面、完整、精细地记录古建筑的构造、尺寸、现存状态及其历史信息，为进一步的研究、保护、管理工作提供较全面、系统的电子基础资料。

“精细测绘”需要硬件、软件及理论的支持才能达到精细测绘的程度。因古建筑结构复杂，构件形态多变，同时建筑又大多经历了上百年的洗礼，均存在不同程度及形式的残损，所以会给精细测绘带来不少困难。测绘工作者在不断探索和不断完善中摸索前进，现在已经可以通过不同的仪器设备将古建筑所有信息扫描采集记录到电脑中，通过专业软件平台，把所有信息合并到一起，最终可形成二维图形、三维立体模型，三维信息管理、监测系统为一体化的数据库。

“精细测绘”在我国文物保护领域全面实施虽然还有一定的难度，但随着经济技术的发展，也是古建测绘的必然趋势。

7.2　古建筑测绘新设备、新方法的利用

新设备有：三维激光扫描、高分辨率数码相机、激光测距仪、全站仪、GPS 等。

利用以上设备，协同作业，定位、扫描获取古建筑可以获取到的一切点数据，即“点云图”。点云图是由带有三维坐标和颜色属性的点组成，是一种类影像的向量数据。点云图在经过专业软件模型化的处理后，可以在点云中直接进行空间数据的测量，辅助绘制图纸；也可以应用点云数据建筑三维模型，生成带有真实纹理的面模型和正射影像图，并可以进一步对其处理和分析计算，测算变形数据。

第 8 章　古建筑勘查文本实例

××寺测绘勘查报告
(全国重点文物保护单位)

委托单位：
编制单位：
编制日期：

扉　　页

一、时间

1. 测绘勘查时间

2. 文本编制时间

3. 提交时间

二、参与人员

1. 测绘勘查人员

2. 档案资料调研人员

3. 文本文件编制人员

4. 审核人员

三、各项工作要点

1. 测绘勘查工作要点

测绘勘查项目范围内所有建筑及构筑物的尺寸、做法、现存状况，勘查分析判断造成建筑残损的原因。

2. 档案资料调研工作要点

调研与项目相关的一切信息资料。

3. 文本文件工作要点

编制完整的测绘勘查报告，为项目存档及修缮提供依据。

总 目 录

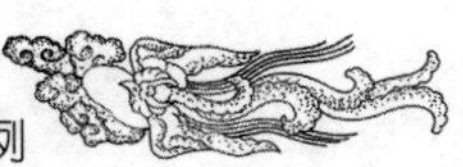

第一部分　现状勘查报告

一、项目背景

1. 项目位置、范围、文保级别及公布年代

项目名称：××寺测绘报告

项目位置：略

项目范围：对××寺围墙内所有10座建筑及院墙、院落、现有基础设施进行现场全面测绘普查，并编制测绘报告。总建筑面积为1454m²，总占地面积为2272m²。

2. 历史沿革

建于明永乐十一年（1420年），初曰祥福寺。明嘉庆十四年（1535年）更今名。清沿旧名。康熙二十五年（1686年）重修。

寺坐北朝南，由六座建筑组成。解放后一直作为某单位办公及库房使用。第六批全国重点文物保护单位。

3. 建筑形制及年代特征

侧门面宽三开间，进身一间山面带中柱，单檐歇山黄琉璃顶建筑，建筑前檐两次间为槛窗，后檐为墙体，明间为实榻门。檐步为溜金斗栱。从建筑斗栱及主体构架均显示了清代建筑特点。

4. 测绘手段

以传统手工测绘为主，利用测距仪、经纬仪等电子设备辅助测绘。测绘时均搭设测绘架木。

二、历次修缮记录

（1）清康熙二十五年（1686年）重修。

（2）清乾隆三十年（1765年）亦有修缮，将院内后殿东次间拆改装修，拆搭地炕。

（3）清咸丰三年，修理院内所有天沟。

（4）清光绪十六年（1890年）重修。

（5）1954年院内窗户改为开关玻璃窗。

（6）1985年屋面查补堵漏，打磨各殿室内全部黄色油饰，再上米黄色油漆两道，天花现为白纸裱糊，因漏雨局部残坏，局部挖补，用高丽纸。

（7）1993年改为办公及库房使用，局部拆改装修，室内重新装修油饰。

三、价值评估

1. 历史价值

现存各殿座大木构架制作规矩，用材规范，举折规矩，较完整地保留了明清建筑风貌，是我们研究当地明清组群建筑技术和手法的重要实物例证，具有较高的历史研究价值。

2. 艺术价值

建筑布局完整，庙宇类型齐备，反映了当地的建筑风格，为研究明清佛教艺术提供了实物资料。

3. 科学价值

建筑在结构和工艺等方面体现出当地的科技水平。主体建筑在力学运用方面，设计合理，与现存当地同时期建筑的结构相较，又具独到之处，对研究当时科学技术发展水平具有重要参考价值。

4. 社会价值

对研究当地明清时期人文、社会活动提供了有力的线索。

四、现状描述

1. 项目环境概说

（1）自然地理环境（略文物所处地区的自然地理环境）

（2）气候环境（略文物所处地区的气候环境）

（3）水文条件（略文物所处地区的水文条件）

（4）地质构造（略文物所处地区的地质构造情况）

（5）植被覆盖（略文物所处地区的植被覆盖情况）

2. 保存现状

主要问题及成因分析（可列勘查记录表），见表1。

表1　侧门现状勘查表

序号	部位	做法	残损现状	残损原因分析
1	总述	单檐歇山黄琉璃顶建筑	侧门保存相对完整，主体结构基本稳定。但建筑各部位均有不同程度的残损	年久失修
2	台基	大城样干摆十字缝台明包砌。大城样褥子面细墁散水	①前檐大城样干摆十字缝台明包砌，砖砌块风化酥碱严重，严重向外鼓闪，局部下沉。②前檐垂带踏跺走闪外催，北侧垂带断裂。踏跺断裂4块。燕窝石碎裂2块。③前檐大城样干摆十字缝象眼砖碎裂，象眼坍塌，局部露出基层。④前檐阶条石走闪向外催出5cm，北侧第一块断裂。⑤后檐埋头催出缺棱断角，阶条石催出，台明包砌风化酥碱并向外鼓闪。⑥后檐阶条石走闪向外催出5cm，垂带踏跺，燕窝石下沉走错。⑦后檐北侧埋头石下沉走闪，好头石催出翘起5cm	年久失修 自然残损
3	地面	室内尺四方砖细墁地面	细墁方砖地面方砖碎裂磨损严重	自然残损 人为磨损
4	大木	明清建筑	①因屋面漏雨，导致椽望糟朽，扶脊木、脊檩糟朽并有轻微滚闪。木构件普遍存在拔榫现象，但拔榫程度均在1cm以内。②山面及明间金步各有两攒斗拱缺损，正心枋（金枋）均有轻微劈裂变形。③角梁糟朽，拔榫下垂，角科溜金斗栱受压，整体变形下沉。④两山面山花板、博缝板、草架柱、穿、踏脚木等木构件均有不同程度的糟朽变形	年久失修 自然残损

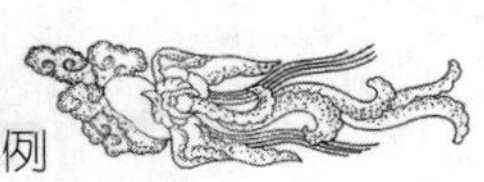

续表

序号	部位	做法	残损现状	残损原因分析
5	木基层	檐椽为圆形，飞椽为方形，横铺木望板	因屋面漏雨，导致木基层（椽望、连檐、瓦口）糟朽变形严重，尤其是四个翼角部分下沉明显。连檐、瓦口出现明显变形。	年久失修 自然残损
6	墙体	下碱、槛墙为大城样干摆十字缝。室外上身红麻刀灰外刷红土子。明间室内墙面抹黄灰包金土子砂绿边做法。两梢间室内上身抹白灰刷白色涂料	①　大城样干摆十字缝槛墙左侧酥碱2块，右侧酥碱12块，其余城砖砌块保存完好。②后檐左侧下碱底下五层砖全部酥碱，缺少透风1块，右侧下碱底下两层砖全部酥碱，其余城砖砌块保存完好。抹红灰上身墙面抹灰空鼓，褪色严重。③两次间室内墙面上身后抹白灰，干摆下碱抹青灰。④明间室内墙面抹黄灰包金土子砂绿边做法抹灰空鼓，涂料褪色严重	年久失修 自然残损 人为改动
7	木装修	明间实榻门，前檐两次间一码三箭槛窗。井口天花吊顶。	①前檐装修、槅板变形，玻璃破碎，棂条糟朽严重。②明间实榻门整体变形下垂，门钉缺损85个，兽面缺损2个。③明间天花缺损，两次间室内后做白樘箅子吊顶破损严重	年久失修 自然残损 人为改动
8	屋面	六样黄琉璃瓦	①檐头变形起拱下垂变形，钉帽缺损3个。六样黄琉璃瓦脱釉严重，瓦件松动碎裂，夹腮灰松动脱落。②戗脊变形，翼角部分下沉，瓦面起拱脱节严重，局部隆起，夹腮灰松动脱落。③后坡缺损仙人2个。前坡缺少垂兽1个，缺少龙2个	年久失修 自然残损
9	油饰地仗	一麻五灰地仗，二朱光油	大木地仗层为“一麻五灰”工艺，由于年代久远，麻和油灰等材料逐渐老化、失效，保存状况较差，有局部脱落的现象。有些已经露出木骨，造成大木彩画的个别部位有缺损的现象	年久失修 自然残损
10	彩画	外檐绘金线大点金旋子彩画。内檐绘金线大点金旋子彩画（清早期）	外檐大木绘金线大点金旋子彩画，画面线道、色彩大面积斑驳、脱落，纹饰已经模糊不清。椽头、斗栱彩画色彩大面积脱落，纹饰已经模糊不清，沥粉线粉化脱落严重。 内檐彩画保存基本完好	年久失修 自然残损

五、现状评估及结论分析

侧门保存相对完整，主体结构基本稳定。但建筑各部位均有不同程度的残损。台帮石活走错、断裂严重，台明包砌局部砌块酥碱严重并局部位置整体鼓闪；室内地面方砖碎裂；散水破坏严重；大木结构整体稳定，但普遍有轻微拔榫现象，局部构架有劈裂变形糟朽，斗栱局部构架缺损；墙体砖砌块风化酥碱，抹灰空鼓；木装修普遍变形糟朽。屋面琉璃瓦件普遍脱釉、松动，屋面变形起拱，局部构架缺损；油饰地仗彩画均存在不同程度的残损，外檐彩画残损较为严重，内檐保存基本完好。

本建筑均为一般性残损，主要残损原因为年久失修，以自然残损为主，建筑木装修及室内有人为改动改变原有做法给建筑造成的残损。虽然建筑无明显结构安全问题，但建筑各个部分的残损仍然在继续发展，所以修复建筑残损，阻止建筑新的残损，还建筑以健康的工作也迫在眉睫。

第二部分　大门现状实测图

图　纸　目　录

建总 1 现状总平面图

建 01 侧门现状平面图

建 02 侧门现状构架仰俯视图

建 03 侧门 1-1 剖面现状图

建 04 侧门 2-2 剖面现状图

建 05 侧门 3-3 剖面现状图

建 06 侧门现状正立面图

建 07 侧门现状背立面图

建 08 侧门现状侧立面图

建 09 斗栱详图 1

建 10 斗栱详图 2

建 11 斗栱详图 3 及匾额、雀替、天花、透风详图

建 12 实榻门现状详图

建 13 槛窗现状详图

建 14 侧门明间前后外檐彩画现状勘查图

第三部分　侧门现状照片
（照片拍摄时间 2005 年 3 月）

一、立面

位置及编号	现状说明	照片
正立面	面宽三开间，进身一间山面带中柱，单檐歇山黄琉璃顶建筑，建筑前檐两次间为槛窗，后檐为墙体，明间为实榻门	

二、台基（T）

位置及编号	现状说明	照片
前檐台基 1-T-01	台明包砌城砖风化酥碱鼓闪，严重向外催出，局部下沉，埋头石下沉走闪	
前檐台基 1-T-02	前檐台明石垂带踏跺走闪外催，左侧垂带断裂，踏跺断裂 4 块。燕窝石走错	

续表

位置及编号	现状说明	照片
前檐台基 1-T-03	前檐两侧象眼砖碎裂，象眼坍塌，局部基层外露，左侧垂带断裂	
前檐台基 1-T-04	前檐阶条石走闪，向外催出50mm，左侧好头石断裂	
后檐台基 1-T-05	后檐埋头石催出缺棱断角，阶条石催出，后檐台明包砌城砖风化酥碱严重，局部鼓闪	
后檐台基 1-T-06	后檐阶条石走闪催出50mm，垂带踏跺、燕窝石走错，左侧埋头石下沉走闪，好头石翘起50mm，台明包砌城砖风化酥碱并向外鼓闪	

三、地面（D）

位置及编号	现状说明	照片
室内地面 1-D-01	室内方砖地面，方砖碎裂磨损严重	

四、大木（G）

位置及编号	现状说明	照片
脊步木构件 1-G-01	因屋面漏雨，导致椽望糟朽，扶脊木、脊檩糟朽并有轻微滚闪。木构件普遍存在拔榫现象，但拔榫程度均在 1cm 以内	
山面木构件 1-G-02	山面金步斗栱局部缺损，正心枋劈裂变形	

续表

位置及编号	现状说明	照片
明间木构件 1-G-03	明间金步两侧斗栱局部缺损，正心枋劈裂	
角梁 1-G-04	角梁糟朽拔榫下垂，角科溜金斗栱受压整体变形下沉	

五、木基层（J）

位置及编号	现状说明	照片
木基层 1-J-01	屋面漏雨，导致木基层糟朽严重	

六、墙体（Q）

位置及编号	现状说明	照片
前檐槛墙 1-Q-01	大城样干摆槛墙前檐左侧风化酥碱 2 块，右侧风化酥碱 12 块	
后檐墙 1-Q-02	后檐左侧下碱底下五层砖全部酥碱，缺少透风 1 块。抹红灰墙面，抹灰空鼓，墙面涂料被雨水侵蚀	
次间室内墙面 1-Q-03	因室内后期改为办公使用，两次间室内墙面上身后抹白灰，干摆下碱抹青灰	
明间室内墙面 1-Q-04	明间室内墙面抹黄灰包金土子砂绿边做法抹灰空鼓，涂料脱色严重	

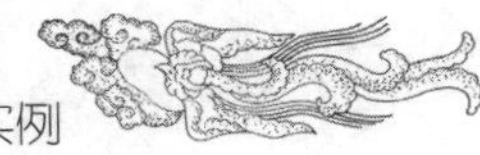

七、木装修（Z）

位置及编号	现状说明	照片
前檐 1-Z-01	前檐木装修、槅板变形，芯屉、棂条糟朽缺损，玻璃碎裂	
明间实槅门 1-Z-02	明间实槅门整体变形下垂，门钉缺损85个，兽面缺损2个	
明间 1-Z-03	明间天花缺损，支条变形损坏严重	
次间 1-Z-04	两次间室内后做白樘箅子吊顶破损严重	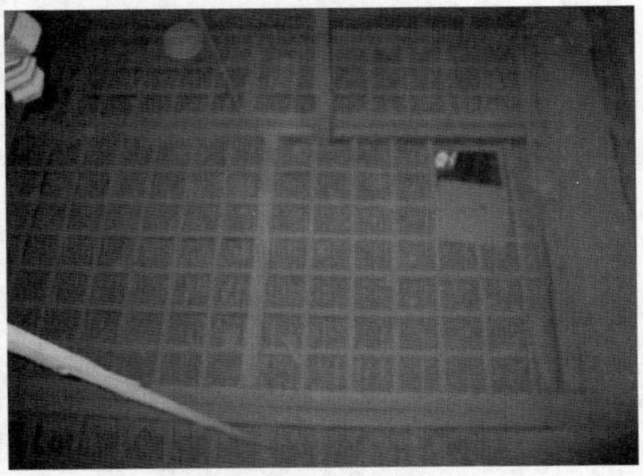

八、屋面（W）

位置及编号	现状说明	照片
山面翼角屋面 1-W-01	戗脊变形，翼角部分下沉，瓦面起拱脱节严重，局部隆起，夹腮灰松动脱落。后坡缺损仙人2个	
屋面 1-W-02	檐头变形起拱下垂变形，钉帽缺损3个。六样黄琉璃瓦脱釉严重，瓦件松动碎裂，夹腮灰松动脱落	

九、油饰地仗彩画（Y）

位置及编号	现状说明	照片
下架大木地仗 1-Y-01	大木地仗层为“一麻五灰”工艺，由于年代久远，麻和油灰等材料逐渐老化、失效，保存状况较差，有局部脱落的现象。有些已经露出木骨，造成大木彩画的个别部位有缺损的现象	

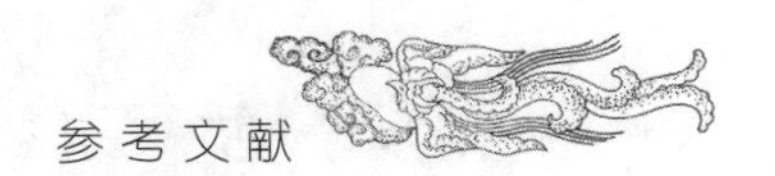

续表

位置及编号	现状说明	照片
上架大木地仗 1-Y-02	大木地仗层为“一麻五灰”工艺，由于年代久远，麻和油灰等材料逐渐老化、失效，保存状况较差，有局部脱落的现象。有些已经露出木骨，造成大木彩画的个别部位有缺损的现象	
上架外檐大木彩画 1-Y-03	大木绘金线大点金旋子彩画，画面线道、色彩大面积斑驳、脱落，纹饰已经模糊不清，沥粉线粉化脱落严重	
椽头，斗栱彩画 1-Y-04	椽头、斗栱彩画色彩大面积脱落，纹饰已经模糊不清，沥粉线粉化脱落严重	
上架内檐大木彩画 1-Y-05	内檐彩画保存基本完好	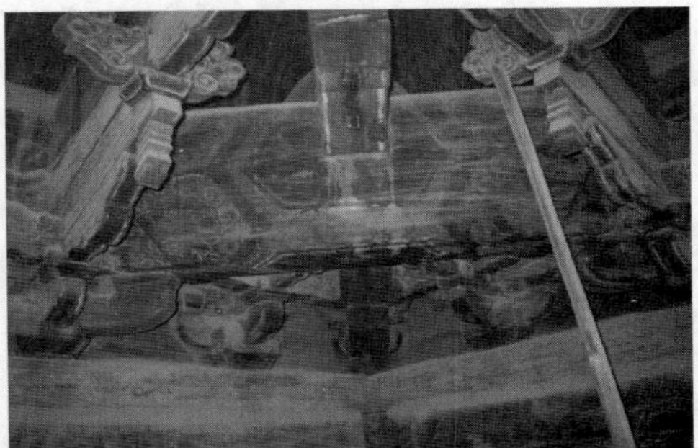

参 考 文 献

[1] 梁思成．清式营造则例[M]．北京：清华大学出版社，2006.

[2] 北京市古代建筑研究所，北京市文物事业管理局资料中心．加摹乾隆京城全图[M]．北京：北京燕山出版社，1996.

[3] 中国营造学社．中国营造学社汇刊[M]．北京：知识产权出版社，2006.

[4] 林洙．叩开鲁班的大门[M]．北京：中国建筑工业出版社，1995.

[5] 梁思成．营造法式注释[M]．北京：中国建筑工业出版社，1983.

[6] 中国文化遗产研究院．中国文物保护与修复技术[M]．北京：科学出版社，2009.

作者简介

张玉，1999年参加工作，毕业于北京大学考古文博学院2011届考古学文物建筑班，就职于北京兴中兴建筑设计事务所，责任设计师，从事古建筑、近现代重要史迹及代表性建筑保护修缮设计、古建筑复原设计、保护规划设计的工作。

1999年至2002年，参与西藏江孜宗山堡修缮设计、承恩寺修缮设计、东岳庙修缮设计、承恩寺修缮设计等工作。

2002年至2015年，主持或参与故宫永和宫修缮设计、故宫慈宁宫修缮设计、颐和园内谐趣园、德和园、南湖岛、画中游、听鹂馆、四大部洲、须弥灵境等多项工程修缮及复建设计、日坛公园修缮设计、地坛公园修缮设计、恭王府后花园修缮设计、故宫端门修缮设计等多项世界文化遗传及国保单位的修缮设计工作。在这期间也参与了西藏色拉寺、哲蚌寺、敦煌九层楼修缮设计等世界文化遗传的保护工作，并于2011年主持了祈年大街四合院的保护规划设计。

2012年，参与的“颐和园谐趣园修缮工程”在北京市第十六届优秀工程设计选中获得“历史文化名城保护建筑设计优秀奖”。参与的“颐和园四大部洲修缮工程”获得“2012年度全国十佳文物维修工程”。

2012年，参与编写《颐和园谐趣园大修实录》。

2013年，参与编写《颐和园德和园大修实录》。

2014年，发表文章《颐和园德和园修缮工程——彩画简析》于《中国古建园林三十年》（天津大学出版社）。

我们提供

图书出版、图书广告宣传、企业/个人定向出版、设计业务、企业内刊等外包、代选代购图书、团体用书、会议、培训，其他深度合作等优质高效服务。

编辑部 010-88376510

出版咨询 010-68343948

市场销售 010-68001605

门市销售 010-88386906

邮箱：jccbs-zbs@163.com　　网址：www.jccbs.com.cn